1. 福星　　2. 布鲁克斯

3. 晓文 1 号　　4. 丽珠

5. 晚蜜　　6. 美早

1. 大将锦　　2. 美国 1 号
3. 先锋　　4. 拉宾斯
5. 绣珠　　6. 沙米豆

1. 晚红珠　　2. 艳阳
3. 得利晚红　　4. 金顶红
5. 饴珠　　6. 雷尼

1. ZY-1 砧木苗　　2. 组织培养育苗
3. 兰丁 1 号砧木苗　　4. 大棚弥雾扦插育苗
5. 兰丁 2 号砧木苗　　6. 兰丁 2 号砧木根系

1. 无墙体钢架温室后部
2. 背连式温室
3. 钢架结构组装式单栋内保温大棚
4. 钢架连栋大棚
5. 爬坡式卷帘机
6. 无墙体钢架温室内部

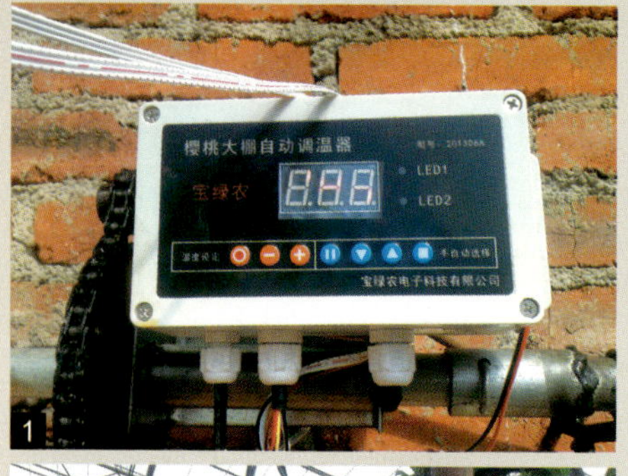

1. 温度自动调控仪
2. 排风扇
3. 遮阳网
4. 采收后放风锻炼
5. 花腐病
6. 叶斑病

大樱桃保护地栽培新技术

DAYINGTAO BAOHUDI ZAIPEI XINJISHU

韩凤珠　赵　岩　主编

中国科学技术出版社

·北　京·

图书在版编目（CIP）数据

大樱桃保护地栽培新技术 / 韩凤珠，赵岩主编 .—北京：中国科学技术出版社，2018.1

ISBN 978-7-5046-7806-5

Ⅰ. ①大… Ⅱ. ①韩… ②赵… Ⅲ. ①樱桃—保护地栽培 Ⅳ. ① S628

中国版本图书馆 CIP 数据核字（2017）第 276381 号

策划编辑 刘 聪 王绍昱
责任编辑 刘 聪 王绍昱
装帧设计 中文天地
责任印制 徐 飞

出 版 中国科学技术出版社
发 行 中国科学技术出版社发行部
地 址 北京市海淀区中关村南大街16号
邮 编 100081
发行电话 010-62173865
传 真 010-62173081
网 址 http://www.cspbooks.com.cn

开 本 889mm × 1194mm 1/32
字 数 160千字
印 张 6.375
彩 页 8
版 次 2018年1月第1版
印 次 2018年1月第1次印刷
印 刷 北京威远印刷有限公司
书 号 ISBN 978-7-5046-7806-5 / S · 686
定 价 32.00元

本书编委会

主　编

韩凤珠　赵　岩

副主编

夏国芳　史晓涛

编著者

廉青春　孙兆生　崔明礼　高　琼

高良涛　韩剑峰　韩　松

Preface 前言

大樱桃是北方落叶果树中果实成熟最早的树种，其果实颜色鲜艳、玲珑剔透，而且营养丰富，素有“果中珍品”“春果第一枝”的美称。多年来，大樱桃露地栽培效益一直很好，发展面积逐年扩大，栽培区域也有扩展，但由于大樱桃树体抗寒能力较弱，露地栽培的适宜区域很小，加之果品耐贮运性差，市场供应期较短，难以满足人们对大樱桃果品的需求。因此，生产中开始利用塑料大棚和日光温室等保护设施来栽培大樱桃。这种栽培方式将大樱桃的栽培区域扩展至我国北部、东北部以及西北部的广大寒冷地区，如黑龙江、吉林、内蒙古、新疆、辽宁、青海及河北省的中北部地区。随着栽培技术的进步，近年来我国西南区域高海拔地区也有很多农户在进行大樱桃的保护地栽培并建立了不少示范园。保护地栽培不仅扩大了栽培区域，使果品比露地栽培提早上市 1～4 个月，而且使其商品价值提高了 5～10 倍。这种栽培方式既给生产者带来了可观的经济效益，又充分利用了冬闲劳动力，还带动了相关产业的发展，具有显著的经济效益和社会效益。

大樱桃保护地栽培已成为农村的新兴高效产业，但此产业在栽培中一次性投资较大，栽培管理技术的要求非常精细，栽培者如果能正确选择优良品种、熟练掌握栽培技术，那么就能收到预期效果。近年来大樱桃生产中出现了各种新问题，我们连续多年深入全国主要产区，进行了大量考察和深入研究，结合我们的研究成果和诸多农户的生产经验，并参考和借鉴国内外大量资料写了本书，供广大栽培者参考使用。

本书参考了果树方面的大量资料，并引用了很多先进的技术和成果，谨此一并致谢。由于水平有限，书中错漏在所难免，敬请同行和读者批评指正。

编 著 者

Contents 目录

第一章

保护地栽培的目的与发展趋势

大樱桃是甜樱桃和酸樱桃的统称，我们国内所称的大樱桃实际是指甜樱桃，也称欧洲甜樱桃，商品名称为车厘子，车厘子是樱桃英语单词 cherry 的音译。

大樱桃在北方落叶果树的树种中以其成熟期最早、果实色泽艳丽、晶莹美观、果肉柔软多汁、营养丰富而被誉为果中珍品，其果实中含有蛋白质、碳水化合物、钾、钙、磷、铁、维生素 A、维生素 C、可溶性糖和有机酸等多种营养物质，其含铁量比苹果和梨还高。常食大樱桃可促进血红蛋白再生。果实的红色素具有良好的抗氧化功能，也是天然的食用色素。果实除鲜食外，还可用于加工罐头、果脯、果酱、果汁、果酒和蜜饯等多种食品。

大樱桃无论是露地栽培还是保护地栽培，生产效益一直很好。此前，由于大樱桃树体抗寒性较差，我国露地大樱桃的栽培区域主要局限在山东的烟台、龙口、泰安、威海等市，辽宁的大连市，河北的秦皇岛、昌黎等市（县），北京、陕西、山西、甘肃的南部，河南省的郑州，以及四川、云南等省（市）的高海拔地区。然而，自从采取保护设施栽培后，其栽培区域有了极大的扩展，无论是大樱桃促早熟还是促晚熟栽培，都可以在非露地适宜栽培区域栽培，如吉林、黑龙江、内蒙古、青海、甘肃和新疆等省份都可以进行大樱桃的保护地栽培。

一、保护地栽培的目的

大樱桃保护地栽培是指利用塑料大棚、日光温室或其他设施，通过改变或控制其生长发育的环境因子，达到特定生产目标的一种特殊栽培方式。大樱桃的保护地栽培，根据其目的不同，可分为促早熟（提早）栽培、促晚熟（延晚）栽培和防御栽培（避雨、防鸟、防霜冻）等，其中促早、晚熟与防雨、防鸟栽培是保护地栽培的最主要目的。保护地栽培在生产中应用比较广泛，生产面积也较大。与露地栽培相比，大樱桃保护地栽培具有以下特点。

（一）促早熟和促晚熟栽培

大樱桃果实不耐贮藏，所以市场季节性断档时间较长，而采取促早熟和促晚熟栽培，无论是温室还是大棚，都可灵活调节大樱桃成熟期，大幅度提高经济效益（经济效益可增至几倍甚至十几倍），同时也延长了鲜果的供应期。

大樱桃树体抗寒性较差，冬季-18℃条件下就会发生冻害，即我国的北方大部分地区在露地栽培大樱桃时不能安全越冬，而保护地栽培可为其提供适宜的生长发育条件，如温度、湿度等环境条件，可以不受地理纬度的制约，达到提早成熟或延晚成熟的目的。北方保护地栽培较南方地区具有自然的提早覆盖、提早升温、提早成熟和延晚升温、延晚成熟的优势。

（二）防雨、防鸟和防霜

露地栽培大樱桃时，果实在发育期经常会受降雨的影响，造成果实裂口霉烂；成熟期会遭到各种鸟害，成熟果实因被啄食而造成减产；开花期又常遭受晚霜危害，造成坐果率降低甚至绝产。采取防雨、防鸟和防霜冻等措施栽培大樱桃，则可避免以上

自然灾害，保证树体和果实在最佳生态环境中生长发育，获得稳定产量和优良品质。

二、保护地生产的历史和现状

大樱桃保护地栽培最早始于欧洲，在20世纪70～80年代，欧洲的瑞士、意大利、德国、挪威、丹麦、比利时及亚洲的日本等国家先后在大樱桃防降雨裂果、防鸟害、防风、防霜冻等方面进行保护地栽培，取得了成功，并将提出的综合技术和基本标准陆续应用于生产，使大樱桃保护地栽培有了较大的发展。其中，日本发展较快。据有关报道，日本大樱桃保护地栽培面积占大樱桃栽培总面积的1/4，而其保护设施主要是以防雨和防鸟等防御自然灾害为主要的栽培目的。

我国是在20世纪90年代开始对大樱桃保护地栽培进行探讨研究的。1991年山东省烟台市和莱阳市率先进行生产试验，其后辽宁、河北等地也相继开展了相关的试验研究和生产试栽。我国的大樱桃栽培起步虽然较欧洲、日本等国家晚近20年，但科研、生产的发展都相当快。在研究方面，1992－2001年，山东省烟台市果树研究所促成试验中获得了比露地果实早熟60天左右的科研成果。辽宁省果树研究所于1998－2001年，在大樱桃温室栽培技术研究上也取得了多项显著成果，一是筛选出一批适合温室栽培的优良品种，明确了主栽品种和授粉品种；二是首次准确测定出红灯和拉宾斯等品种的休眠期低温需求量为850～1 040小时；三是探索出当外界气温第一次出现0℃以下低温（初霜冻）时即可覆盖的新方法，这比传统的覆盖时间提前20天左右；四是明确提出温室大樱桃的花芽分化始期为花后的20～25天，这为适时采取促进花芽分化的管理措施、从根本上克服大小年结果现象提供了科学依据；五是应用该研究成果，使大樱桃成熟期比露地提前了90天左右，获得了比露地栽培高8倍以上的经济效益。其后，该所又与辽宁省普兰店市大农高效示范园区共同开展了大樱桃温室强制休眠栽培技术的研究，采取人工制冷等系列手段强制大樱桃休眠，使温室大樱桃可于春节期间成熟上市，其成熟期比露地提早 127 天，比按常规技术管理的温室提早 57 天。在此基础上，还研究了盆栽樱桃冷库集中休眠技术，不仅使其果实春节上市，还使其具有较高的观赏价值。

2001 年开始，针对保护地大樱桃生产中出现的落花落果、隔年结果等技术难题，研究人员先后深入辽宁、吉林、黑龙江、内蒙古、山西、陕西、山东等省份进行实地考察，找出落花落果和隔年结果的主要原因，并找到关键的解决方法，在生产中推广应用后，使温室和大棚的大樱桃真正达到连年高产、稳产，经济效益显著。

在保护地大樱桃试验研究中,《大樱桃保护地丰产优质栽培技术规范》使大樱桃保护地生产有章可循，有据可依。其中，“大树移栽速成高效栽培技术”当年栽植翌年可见效益，在生产中得到广泛应用。

近年来，研究人员针对温室生产中出现的花芽减少和枯枝死树等问题进行了大量的田间试验，找出了问题所在，提出的《温室大樱桃无公害安全生产栽培技术规范》和《温室大樱桃安全生产关键技术》已在全国各地的樱桃栽培园区进行了大面积示范和推广，取得了很好的增产效应。

科学研究成果有力地促进了生产的发展，近年大樱桃保护地栽培方式逐渐多样化，规模逐渐扩大，面积不断增加，先进栽培技术的普及使得效益不断增长，各地生产中普遍出现了高产、优质、高效的典型，如陕西、山西和甘肃等省的温室和大棚的大樱桃平均每 667 米 ^{2} 效益由以前的 1 万～3 万元，普遍提高至 5 万元以上；辽宁省大连、沈阳和锦州等地区，山东省烟台和潍坊地区，平均每 667 米 ^{2} 效益也由 3 万～5 万元提高至 10 多万元，每 667 米 ^{2} 产量也由十几年前的 500～600 千克提高至

1 000～1 500 千克。

保护地丰产稳产高效益的生产典型在全国比比皆是，但是还应注意到，随着栽培面积的扩大、品种的更新换代以及新农人的加入，还会不断有新的栽培问题出现，这就需要栽培者不断更新知识，技术推广和培训部门加大新技术推广和培训力度，及时解决生产中出现的新问题。

三、保护地生产的发展趋势

大樱桃生产中诸多管理环节（修剪、疏蕾疏果、采收等）皆靠手工操作，机械化程度低，生产成本较高，在一定程度上制约了其发展，但我国有丰富的劳动力资源，尤其是保护地反季节栽培，其生产季节是在冬季，与露地生产不争夺劳力。因此，具有发展大樱桃产业的有利条件。

大樱桃果实发育期短，期间很少施用农药，发生害虫时易进行人工和物理防治，可以不施用杀虫剂，是合格的无公害果品，易被消费者接受。

保护地栽培是增加大樱桃产量和提高栽培效益的一个重要途径，随着农村全面建设小康社会的进展，农业产业结构调整日趋深化，保护地大樱桃的栽培效益越来越高，是种植业中收入较高的产业。大樱桃保护地研究成果的示范和推广，以及先进生产典型的推动，都促进了保护地大樱桃的快速发展。我国的大樱桃保护地栽培已呈现出健康、稳步发展的良好势头，将来必然会得到全新发展。

纵观我国及世界果树保护地（设施）栽培新形势，可以预料，在大樱桃保护地栽培的科研与生产中，今后人们将日益重视以下技术环节。

第一，选育新品种。选育和应用大果型（单果重在 8 克以上）、果柄粗而短（果柄粗度在 0.18 厘米以上，长度在 3 厘米以下）、品质优良（可溶性固形物含量在17%以上）、果皮厚韧、抗裂果、外观亮丽、耐贮运（自然存放货架期7天以上）、短低温（低温需求量在800～1 200小时）的优良新品种。

第二，完善更新保护设施。重视环保、经济和实用设施结构，根据不同区域选择不同的保护设施类型，充分利用当地自然资源和设施条件，降低生产成本和延长设施的使用年限。

第三，科学管理。重视技术培训，提高生产者的技术素质，严格按照规范精细管理，提高果实产量和质量，尤其注重绿色无公害果品的生产。

第四，深入研究。进一步深入研究保护地条件下大樱桃的主要生物学特性、开花结果习性、营养特点、肥水需求规律等，提出与之相适应的有效栽培管理技术规范和标准，以确保丰产、稳产、优质、高效，使科技致富在产业效益中的份额不断提高。

第五，广泛示范和推广。加大科技成果转化力度，使科学研究成果在大樱桃保护地栽培中不断推广应用。

我们应顺应果树保护地栽培的发展趋势，采取有效措施，把大樱桃保护地栽培做大做好，以最低的投入创造出最大的社会效益和经济效益。

第二章

大樱桃生长发育特性和对生长环境的要求

大樱桃属乔木果树，树体高大，生长旺盛，干性强，自然生长树高可达 7～8 米。幼树期长，进入结果期晚，乔化砧木嫁接的苗一般定植后 4～5 年开始结果，6～7 年进入丰产期，盛果期可达 15～20 年，一般管理条件下，果树 30 年生左右进入衰弱期。矮化砧木嫁接的苗定植后 3 年开始结果，4～5 年进入丰产期。大樱桃树的生长势、结果年限及产量的高低，与土壤肥力、肥水管理水平及栽培管理措施密切相关，栽培者必须全面了解和掌握大樱桃的生长发育特性，才能正确实施栽培管理技术，达到早产早丰、连续丰产的栽培目的。

一、生物学特性

大樱桃和其他落叶果树一样，一年中从萌芽开始，规律性地通过开花、坐果、果实膨大、果实成熟，以及新梢生长、花芽分化、新梢停止生长、落叶和休眠几个时期，周而复始，这一过程称为年生长周期。大樱桃每一生长阶段都有其不同的生长发育特点。

（一）年生长周期及特点

1. 萌芽和开花 大樱桃对温度反应敏感，当日平均气温达到10℃左右时，花芽便开始萌动。日平均气温达到15℃左右时开始开花。叶芽萌动较花芽稍晚几天，保护地栽培时，如果休眠期的低温需求量不足，会出现“先叶后花”现象。温度较高时花期相对短些，温度低时花期相对长些。同一品种的幼树、旺树花期晚，而老树、弱树花期早。花束状果枝、短果枝开花早。

大樱桃的芽在冬季处于休眠状态，在其进入休眠后，必须经过一定的低温才能解除休眠。解除休眠所需要的时间和强度称为需冷量或低温需求量。测定需冷量是以花芽解除休眠并萌发开花为指标，所以严格地说应是花芽解除休眠的需冷量。据研究，大樱桃在7℃左右的气温下解除休眠所需的时间最短，即7℃对解除大樱桃休眠最有效；低于7℃其效果降低，低于0℃对解除休眠无效，高于7℃时气温越高对解除休眠的有效性越低，高于一定温度对解除休眠呈负效果。

经过一定低温之后，随着气温的升高，大樱桃开始进入萌芽开花期。通常把大樱桃的花期分为以下3个阶段。

（1）**初花期** 全树有5%～25%的花开放。

（2）**盛花期** 全树有25%～75%的花开放。

（3）**落花期** 全树有50%以上花的花瓣正常脱落。

大樱桃的开花期一般在7～10天，但由于保护地内不同位点的温度不相同，所以同一个品种中树与树之间的开花期也有差异。保护地的花期一般为10～15天。最近10多年来，栽培者为了使果实提早上市，在樱桃休眠期喷施破眠剂来打破休眠，已取得很好的效果，但是也常因喷施不均匀而致开花不整齐。花期虽延长至20多天，但也要尽量减少大棚内不同位点的温度差异，注意使破眠剂喷施均匀，使得花期一致。

2. 新梢生长　大樱桃的新梢生长与果实的发育交互进行，新梢在萌动后有一个短促的速长期，成为6～7片叶、6～8厘米长的叶簇新梢，之后进入开花期间新梢生长缓慢，落花后进入速长期，与果实的第一次速长同时进行。果实进入硬核期时，新梢生长缓慢，果实采收后，又会进入另一个阶段的速长期。幼树的新梢生长较为旺盛，第一次停止生长比成年树推迟10～15天，进入雨季后还有第二次生长。

3. 果实发育　大樱桃果实的生长发育期较短，从落花到成熟所需的天数即为果实发育期。一般按果实发育的天数划分发育期的长短，也就是成熟期的长短，果实发育期的长短与温度的高低密切相关。果实发育期天数少于45天的为早熟品种，50天左右的为中熟品种，60天左右的为晚熟品种。在我国目前的栽培品种中，极早熟品种的果实发育期为27天，极晚熟品种为65天。果实发育分为以下3个时期。

第一时期：从落花至硬核前，即速长期。主要特征为果实迅速膨大，果核迅速增长至成熟时的大小，胚乳也迅速发育。一般横径增长量小于纵径增长量，这一阶段的长短，不同熟期的品种表现不一，一般为10～20天。

第二时期：为胚发育期，果个增长渐慢，果核开始木质化，胚乳逐渐被胚的发育所消耗，营养物质主要供给胚发育，此阶段为8～12天，也称硬核期。

第三时期：自硬核到果实成熟，为果实第二次迅速生长期。此期主要特点是果实迅速膨大，一般横径增长量大于纵径增长量，这一时期为15～25天。

果实发育的第二时期若遇严重干旱或浇水过多，则会造成果实黄萎脱落；果实的第三发育时期若大水漫灌或长时间空气湿度大，则会造成果实裂口、发霉腐烂。

果实的生长发育除了果实增大之外，还伴随着一系列生理生化变化，最明显的是果实可溶性固形物含量的增加和果实颜色的变化。大樱桃的果实在成熟时叶绿素 A 转变成叶绿素 B，然后叶绿素 B 降解，果皮的基色由绿变黄。大樱桃的果实在未成熟时含有大量的紫黄素（一种类胡萝卜素），随着果实成熟，β- 胡萝卜素和环氧类胡萝卜素逐渐增加，果皮颜色出现红晕，变成鲜红色至紫红色，有的品种甚至呈紫黑色。

4. 花芽分化　花芽分化是指芽的生长点在发生一系列生理变化和形态变化后形成花芽的过程。大樱桃花芽分化过程可分为苞片形成期、花原基形成期、花萼分化期、花瓣及雄蕊原基形成期和雌蕊原基形成期。大樱桃花芽分化的特点是分化时间早，分化时期集中，分化速度快。辽宁省果树科学研究所对大樱桃花芽分化的镜检观察证明，大樱桃的花芽分化是在幼果期（硬核后）开始的，也就是在落花后 20～25 天开始的，采收前基本决定了花芽的分化数量，落花后 80～90 天基本完成。不同栽培条件下或不同品种间的花芽分化稍有差异。

大樱桃花芽的形态分化虽然在花后 80～90 天可基本完成，但花器的发育一直延续到下一年，下一年芽萌动时，花药中的分生细胞开始延长并形成花粉，此时花的分化才算最后完成。

大樱桃的花芽分化是与果实第二次速长期同步，此时期养分需求量大，供需矛盾突出，易造成养分竞争，需及时补充养分和水分，否则会使花芽数量减少和质量降低。大樱桃花芽的分化还受温度和日照的影响。如果分化期温度低、日照时间短，那么对花芽的形成和翌年的产量很不利。大樱桃花芽分化也与管理水平有关，所以此期还需加强肥水管理，尤其不能忽视花前、花后及采收后的土壤追肥和花后根外补肥。

5. 落叶和休眠　在正常管理条件下大樱桃的落叶发生在霜冻前后，各地因霜期的早晚不同，落叶期也有相应的变化，不同品种间稍有差异。成年树和充分成熟的枝条能适时落叶，而幼旺树及不完全成熟的枝条落叶较晚。落叶后树体便进入休眠期。

（二）根、叶、花和果实特征特性

1. 根　根是大樱桃地下部分的营养器官。根主要功能是从土壤中吸收水分和各种矿质营养，供给树体合成各种有机物质，同时也对树体起固定作用。大樱桃的根按其来源不同可分为实生根和茎原根两大类。播种繁殖的砧木苗，先长出胚根，然后发生侧根形成的根系称实生根。扦插繁殖或分株繁殖的砧木，其根系是由插条基部或母株的不定根形成，这类根叫茎原根。

无论是哪种根系，多数砧木品种的根系在土壤里的分布都较浅，深度在40～50厘米，主根不发达，侧根和须根较多，但不同种类有所不同。马哈利砧木的根系分布深度可达50厘米，兰丁砧木的根系分布深度可达90厘米。根系的发育程度还与土壤状况和肥水管理水平密切相关，若土层深厚、质地疏松、通气良好且肥水供应充足，则根系发达植株生长健壮。大樱桃根系对土壤积水非常敏感，在雨季如果土壤内积水时间较长，可导致根系缺氧而停止生长甚至死亡，因此雨季防涝是关键。

根系在年生长周期中没有自然休眠，只要温度适宜即可生长。当15～20厘米深的土壤温度达到5～7℃时须根即可生长出白色的根尖（吸收根），7～8℃以上时即可向上输送营养物质，15～20℃是根系生长最适宜的温度，此时也是根系生长最活跃的时期。土壤温度在28℃以上或低于5℃时，根系被迫进入休眠。所以，在保护地树体休眠期的管理中，保持土壤温度不低于5℃，秋季在土壤温度为15～20℃时及时施肥很关键，也很重要。

2. 叶　叶片的基本功能是进行光合作用，同时具有蒸腾作用和气体交换作用。叶片是合成有机营养的重要器官。绿色叶片利用光能将吸收的二氧化碳和水转化为有机物，同时释放出氧气，光合作用的产物主要是葡萄糖、蛋白质、淀粉和脂肪等有机营养。这些有机营养一部分被树体的呼吸作用消耗，但大部分供给枝、叶、根、花和果实的生长，秋季多余的养分储藏于枝干和根系中，作为翌年树体萌芽开花的主要营养来源。可见保护好叶片是极其重要的。

大樱桃的叶片多为长椭圆形，浓绿色，有光泽。叶缘锯齿形，叶柄着生蜜腺，蜜腺数量因品种不同而有所不同，一般为2～3个，多则4～5个，蜜腺的颜色和大小有时也是区分果实颜色和果个大小的依据。大樱桃树的幼叶颜色因品种不同而有较大的差异，可以作为品种的特征之一。大樱桃叶片一般长约13厘米，宽6～7厘米，品种不同，叶片大小各异。一般而言，叶片宽大、叶肉肥厚，其果实大。叶片的大小因着生的枝条种类而有较大差异，发育枝的叶片更能反映品种的特点。叶片大而厚，叶面积大，形成的花芽饱满，翌年的坐果率相应就高；叶片小而薄，叶面积小，花芽形成的数量少、质量差，果实质量就相应差。通常每个果应保持有3～5个及以上的叶片，才能保证较高的结实率和当年的果实品质。

3. 花芽与花 大樱桃的每个花芽一般孕育1～5朵花，营养条件好或个别品种的花芽，可孕育7～8朵，少数品种还有孕育10朵的。花朵为子房下位花，由雄蕊（花丝和花药）、雌蕊（柱头、花柱和子房）、花瓣、花萼和花柄组成，花序为伞房花序。每朵花有雄蕊40～42枚，每个花药有花粉6000～8000粒；发育正常的花只有1枚雌蕊，但在高温干燥和土壤干旱的气候条件下，也会出现每朵花有2～4枚雌蕊的现象。如果大樱桃在花芽分化期营养不良，那么会发生雌蕊退化、退化花的柱头和子房萎缩而不能结实的情况。

大樱桃开花后数小时花药破裂释放花粉。花在4天以内授粉能力最强，5～6天授粉能力中等，7天以后授粉能力最低。大樱桃花的授粉主要是依靠蜜蜂、风力和重力作用完成的。在授粉过程中，只有亲和性品种的花粉在柱头上才能萌发。花粉萌发后，原生质连同它的内壁从萌发孔向外突出，然后伸长成为花粉管。花粉管萌发后一般在2～3天内就能经过柱头的细胞间隙进入花柱，然后经 2～4 天才能穿过中果皮到达胚珠。花粉管从珠孔经过珠心进入胚囊。在胚囊中花粉管顶端破裂，放出两个精子，其中一个与卵细胞结合形成合子（受精卵），合子以后发育成胚。另一个精子与两个极核结合发育成胚乳。大樱桃从开花、传粉到授粉全过程约需 48 小时，有时则可延长至 70 多小时。

4. 果实　大樱桃的花经过授粉和受精发育成果实，若在成熟前遇雨、浇水过多或空气湿度大，则很容易发生裂果现象。因为大樱桃果实表面分布有许多气孔，而这些气孔随着果实的成熟并不能像苹果、梨那样形成木栓化的皮孔，所以当外部水分由气孔大量进入果肉组织时，就会造成果肉组织膨胀、果皮拉紧，当超过果皮拉力强度的极限时就会造成裂果。另外，大樱桃的外果皮角质层还会产生许多小裂缝。这些小裂缝在果实成熟前如果大量吸水，果实迅速膨胀，裂缝就会深达果肉而造成裂果。

二、适宜大樱桃生长发育的环境条件

（一）温度和水分

大樱桃属喜温不耐寒的果树，适宜在年平均气温 10～12℃的地区露地栽培，要求一年中日平均气温高于 10℃的时间在 150～200 天及以上。大樱桃对水分状况很敏感，具有喜水而又不能渍水，即不抗旱也不耐涝的特性，需要较湿润的气候条件。大樱桃叶片大，蒸腾作用强而需要较多的水分供应，但又因根系浅而抗旱抗涝能力差，所以大樱桃适于在年降水量 600～700 毫米的地区生长，保护地栽培时应营造露地适栽区的环境条件，为其提供良好的生长发育条件。

1. 适宜的温湿度　在大樱桃年生长周期中，不同时期对温度的要求不同：萌芽期适宜温度 10～15℃，开花期为 12～18℃，果实发育至成熟期为 20～25℃。果实发育期和花芽分化期间温度的高低，对果实的发育速度、果实大小、果实品质和花芽分化的质量都有显著的影响。

适宜大樱桃正常生长发育的空气相对湿度和土壤相对湿度为50%～60%。果实发育期，空气和土壤相对湿度不能长时间高于70%或低于30%；果实膨大期至成熟期连续降雨，或时常出现雾天，会引起大量裂果。土壤水分过多会使土壤氧气不足，根系因不能正常进行呼吸作用而易发生根腐病和根瘤病，长时间积水，则会发生烂根现象，严重时会造成整株死亡。土壤相对含水量低于30%时，大樱桃地上部会停止生长，低于10%会发生萎蔫现象。

2. 低温和高温伤害 大樱桃不耐低温，冻害的临界温度为-20℃，但冬、春季风大的地区气温达到-18℃时，枝干也会发生严重冻害；气温达到-25℃时，会造成树干冻裂，地上部分死亡；气温达到-30℃时，根部会严重受冻，造成大量死树，因此保护地栽培要适时覆盖，以保证树体不遭受冷冻害。

大樱桃的不同器官和组织的冻害临界温度还有明显差别，花蕾和幼果期的冻害临界温度为-2.8～-3℃，在-3℃条件下持续达3～4小时，大部分花蕾和幼果会冻坏。因此，保护地在遇到极端降温天气时，要及时采取增温措施。

大樱桃虽然喜温，但温度过高同样会对其生长发育造成伤害，高温的伤害还与水分和空气湿度相关。花期高温干旱会影响授粉受精，降低坐果率；花芽分化期高温干旱会使花芽分化畸形，翌年出现畸形果；果实发育期高温干旱，使果实不能充分发育，提前着色成熟，果肉薄口味淡；高温干旱还易导致蜘蛛危害。花期和果实发育期高温高湿会引发花腐病和灰霉病，果实膨大期会发生裂果；枝条生长期高温高湿会引起徒长，使树冠郁闭，还易发生叶斑病。

（二）土 壤

土壤是大樱桃树体生长发育的基础条件，土壤质地直接影响大樱桃的生长发育。大樱桃的根系在土壤中的分布较浅，根系呼吸旺盛，适宜在土层深厚、土质疏松、透气性好、保水保肥性较强、肥力较高的壤土、沙壤土、石砾壤土或轻黏壤土上栽植。要求土壤pH值为6～7.5，最适宜范围为6～7，有机质不低于1%，含盐量不超过0.1%，土层厚度在1米以上，地下水位低，以雨季地下水位不高于80厘米为宜。

大樱桃对重茬反应敏感，大樱桃园间伐后，至少要改植2～3年非果树类的作物才能再栽植大樱桃。如果不轮作、不休闲，那么只能采取客土改造的方法，给大樱桃一个质地优良的立地条件。辽宁大连的农民在土壤改良方面做得好，利用易风化的山石（片母岩），俗称千层板，作为大樱桃的客土，改造黏性土壤和重茬土壤，以提高土壤的透气性；同时，该土壤富含磷、钾、钙和镁等营养元素，大樱桃的栽植效果很好。

（三）光　照

大樱桃是喜光性较强的树种，全年日照时间要求在2600～2800小时，光照条件良好时，生长健壮，结果枝寿命长，树冠内膛光秃的进程较慢，花芽发育充实，坐果率高，果实成熟早，着色鲜艳，含糖量高，品质好；光照条件差时，树冠外围新梢易徒长，冠内枝条衰弱、易光秃，结果枝寿命缩短，花芽发育不良，结果部位外移，结果少，果实成熟晚，品质差。

大樱桃在保护地栽培条件下，所覆盖的塑料薄膜透光率一般能达到75%左右，如果膜上积尘较厚，清扫不及时，透光率还会进一步降低，使树体长期处于弱光照的条件下，光合产物少，有机营养积累的少、消耗的多，果实着色不良，延迟成熟、含糖量降低，且花芽分化受抑制，数量减少。尤其是采收后覆盖的遮阳网密度过大，透光率不足70%时，花芽瘦小饱满程度差。

第三章

适栽品种选择与授粉树配置

据有关资料报道，全世界已登记的大樱桃品种已有2000多个，经过漫长的栽培过程，这些品种不断优胜劣汰，生产中广泛栽培的品种有600多个，我国收集和选育的品种资源约150个。目前在生产中栽培并通过审定和备案的品种有44个，在这些品种中，能作为保护地主栽和授粉栽培的优良品种只有20余个。

一、优良品种

（一）早熟品种

1. 早露（5-106） 那翁实生，大连农科院选育，2012年通过辽宁省级审定。平均单果重8.7克，果实宽心脏形，果柄中长，果皮、果肉红色，可溶性固形物含量18%，风味酸甜。果实发育期35天左右。

2. 福晨 萨米脱×红灯，烟台市农科院选育，2013年通过山东省级审定。平均单果重9.7克，果实心脏形，果皮、果肉红色，硬脆，可溶性固形物含量18.7%，耐贮运。果实发育期40天左右。

3. 甘露 佳红实生，大连市甘井子区农业技术推广中心选育，2012年通过辽宁省级审定。平均单果重10.4克，果皮底色

浅黄，成熟时阳面鲜红色。果肉黄白色，脆硬多汁，果皮厚韧，可溶性固形物含量20.8%。果实发育期40天。

4. 状元红　红灯芽变，大连农科院选育，2015年通过辽宁省级审定。平均单果重10克，果实肾形，果柄短粗，果皮、果肉红色，味酸甜，肉质较软，可溶性固形物含量20%。果实发育期42天。

5. 早红珠（8–129）　宾库实生，大连市农科所培育，2011年通过辽宁省级审定。平均单果重9克；果实宽心脏形；果皮紫红色，有光泽；果肉紫红色，肉质较软，肥厚多汁，平均可溶性固形物含量18%，风味酸甜，品质好；较耐贮运；果实发育期42天。

6. 红灯　那翁×黄玉，大连市农科院培育，1987年通过农业部级审定。平均单果重9.6克，果实肾形，果柄短粗，果皮、果肉红色，肉质较软，可溶性固形物含量17%，味甜酸。抗裂果，耐贮运。果实发育期45天。该品种易感染皱叶病毒。

7. 明珠（5–102）　优系实生，大连市农科院选育，2009年通过辽宁省级审定。平均单果重12.3克，果实宽心脏形，果皮底色浅黄，阳面着鲜红色霞，有光泽；果肉浅黄，肉质较软，肥厚多汁，平均可溶性固形物含量18%，风味甜酸。果实发育期45天左右。

（二）中熟品种

1. 福星　萨米脱×撒帕克里，烟台农科院选育，2013年通过山东省级审定。平均单果重11.8克，果实短心脏形，果柄短粗，果皮、果肉红色，果肉硬脆，味甜、微酸，可溶性固性物含量16.3%。果实发育期50天左右。

2. 佳红（3–41）　宾库×香蕉，大连市农科院培育，1991年通过大连市级审定。平均单果重9克，果实宽心脏形，果柄长，果皮浅黄，阳面鲜红色，果肉黄白色，可溶性固形物含量19%

左右，味甜。不耐贮运。果实发育期 50 天。

3. 红南阳 日本品种（南阳芽变），平均单果重 9 克，果实椭圆形，缝合线明显，果柄中长，果肉黄色，阴面有红晕，可溶性固形物含量 18% 左右，味甜。不耐贮运。果实发育期 50 天左右。

4. 晓文 1 号 亲本不详，陕西省眉县常兴镇人民政府等选育，2013 年通过陕西省级审定。平均单果重 10.5 克，果实肾脏形，果皮红色，果肉黄色，肉质较硬，风味浓香，可溶性固形物含量 15.4% 左右。果实发育期 50 天。

5. 丽珠（1-72） 大连市农科院选育，平均单果重 10.3 克，果实肾形，果实全面紫红色，有鲜艳光泽，外观及色泽酷似红灯。肉质较软，风味酸甜，平均可溶性固形物含量 21%。果实发育期 50 天左右。

6. 布鲁克斯 美国品种，2007 年通过山东省级审定。平均单果重 10 克，果实扁圆形，果顶平稍凹陷，果柄短粗。果皮、果肉红色，肉质脆硬，味浓甜，平均可溶性固形物含量 18%。耐贮运。果实发育期 50 天。该品种抗裂果性较差。

7. 美早（塔顿、7144-6） 美国品种，2006 年通过山东省级审定。平均单果重 9.4 克左右；果实宽心脏形，果顶稍平；果柄短，果皮红色至紫红色，有鲜艳光泽；果肉红色，肉肥厚，质脆多汁，可溶性固形物含量 17.6% 左右，风味甜酸，品质好。抗裂果，耐贮运。果实发育期 55 天左右。

8. 美国 1 号 美早芽变品种，2016 年通过辽宁省大连市甘井子农海局认定。平均单果重 10.8 克，果实宽心脏形，果柄短，果色红，可溶性固形物含量 18.5% 左右。品质好，裂果轻。果实发育期 55 天左右。

9. 沙米豆 加拿大品种，2007 年通过山东省级审定。平均单果重 9 克；果实长心脏形；果柄长，果皮浓红色，有光泽，皮薄而韧。肉硬，平均可溶性固形物含量 17%，风味浓，品质好。

抗裂果，耐贮运，丰产性好。果实发育期 55 天左右。

10. 拉宾斯　加拿大品种，2008 年通过辽宁省级审定。平均单果重 8 克。果实近圆形，果柄短粗，果皮、果肉红色，肉质脆硬，平均可溶性固形物含量 17%，味酸甜。抗裂果，耐贮运。果实发育期 55 天。

11. 先锋　加拿大品种。2004 年通过山东省级审定。平均单果重 8 克，果实近圆形，果柄短粗，果皮、果肉红色，肉质较硬，平均可溶性固形物含量 16%，味甜酸。抗裂果，耐贮运。果实发育期 55 天。

12. 绣珠（2–82）　晚红珠 × 13–33，大连市农科院选育，2014 年通过辽宁省级审定。平均单果重 12.5 克，果实宽心脏形，果皮底色浅黄，阳面呈鲜红色霞，有光泽。果肉浅黄，肉质较软，肥厚多汁，平均可溶性固形物含量 19.1%，风味甜酸。较耐贮运，早果性、丰产性好。果实发育期约 55 天。

13. 大将锦　日本品种，平均单果重 10 克，果实长椭圆形，果柄长，果肉黄色，阴面有红晕。可溶性固形物含量 20% 左右，味甜。不耐贮运。叶片易卷曲。果实发育期 55 天左右。

（三）晚熟品种

1. 金顶红　沙米豆芽变，大连市金州区金科科技培训服务中心与金州区果树技术推广中心选育，2009 年通过辽宁省级审定。果实宽心脏形，果柄长，平均单果重 13 克，果实红色至深红色，果皮厚韧。果肉较脆，多汁，平均可溶性固形物含量 17.7%。果实发育期 60 天左右。

2. 艳阳　加拿大品种。2007 年通过山西省级审定。平均单果重 10 克；果实近圆形，果柄中长，果皮、果肉红色，肉质较硬，平均可溶性固形物含量 16%，味甜酸。耐贮运。果实发育期 60 天。

3. 雷尼　美国品种。平均单果重 10 克，果实宽心脏形，果柄长，果皮底色浅黄，阳面着鲜红色霞，果肉黄白色，肉质较硬，平均可溶性固形物含量18%。果实发育期60天。

4. 饴珠（2-81） 大连市农科院选育，平均单果重10.6克，果实宽心脏形，果实底色呈浅黄色、阳面着鲜红色霞。肉质较脆，肥厚多汁，风味酸甜，可溶性固形物含量22%以上。耐贮运。果实发育期60天。

5. 晚红珠（8-102） 优系实生，大连市农科院培育，2009年通过大连市级审定。果实宽心脏形，平均单果重9.8克，果皮洋红色，有光泽。果肉天竺葵红色，肉质较脆，肥厚多汁，风味酸甜，平均可溶性固形物含量18%。果实发育期65天左右。

6. 得利晚红（晚大紫） 大紫实生，大连瓦房店市得利寺镇农业技术推广站选育，2010年通过辽宁省级审定。果实近心脏形，果柄长，平均单果重8克，果皮厚韧。果实红色至紫红色，有光泽，平均可溶性固形物含量18.9%。果实发育期65天左右。

7. 晚蜜 雷尼实生，大连市旅顺口区农业技术推广中心选育，2016年通过辽宁省级审定。果实近心脏形，平均单果重9.35克，果皮厚韧，果实底色呈浅黄，阳面呈鲜红色，外观色泽艳丽，平均可溶性固形物含量18.4%。果实发育期65天左右。

二、品种选择原则

为提高保护地生产效益，在选择品种上，应考虑选择与栽培目的和当地自然条件相适应的品种，所选品种还应该是通过省级以上部门审定、认定或备案的品种，或经当地试栽后表现良好的品种。没有经过试栽的新品种，应该先少量引种先进行试栽，确定其综合性状优良后再进行大面积栽植。确定栽培品种还要根据市场确定，一是具有消费者喜欢，品质好、果个大，颜色亮丽的性状；二是具有经销商认可的耐贮运性好和货架期长的特性。此外，生产者还应考虑该品种的树体生长发育特性，具有树体健

壮，树势中庸，易成花，抗裂果等抗逆性强，丰产、稳产性好的特性。

目前，红色品种已不再是保护地的当家品种，黄色品种的销售价格已悄然高升，如佳红、雷尼、明珠、红南阳、饴珠、绣珠和大将锦等，红蜜、黄玉和那翁等老品种的果实销售价格也高于美早、沙米豆和红灯等品种。以上现象决定了栽培者应适时调整栽培品种，尤其是目前保护地樱桃栽培也成为了观光和采摘的热门产业，就要求品种的多样化和果实熟期的不同，以便多渠道提高栽培效益。

在诸多大樱桃品种中，促早熟栽培的，选择品种时应以早、中熟，丰产，果个大，果色艳丽，果柄短粗，品质优，抗裂果，需冷量低等综合性状好的品种为主栽品种；促晚熟栽培的，选择品种时应以晚熟、极晚熟，丰产，果个大，果色艳丽，品质优，抗裂果，需冷量高等综合性状好的品种为主栽品种。

经各地多年生产实践表明，目前适宜保护地促早熟栽培的优良主栽品种有美早、美国1号、沙米豆（萨米脱）、状元红、佳红、红灯、早露、福晨、明珠、红南阳等；促晚熟栽培的品种有拉宾斯、金顶红、晚红珠、绣珠、得利晚红、雷尼、晚蜜等。

三、授粉树的配置

主栽品种确定后，再选择花粉多、与主栽品种授粉亲和力好、成熟期或需冷量相近的品种为授粉品种。

大樱桃品种大多自花结实率很低或自花不实，即使是自花结实率高的品种，配置授粉树也有利于提高坐果率和产量，所以建园时必须合理配置授粉树。授粉树品种与主栽品种除了有很好的亲和力，与花期相遇外，还要有很好的丰产性，而且果实商品价值高，花粉量较大。授粉品种应不少于2个，栽植株数应占主栽品种的20%～30%。

授粉品种可选择明珠、佳红、雷尼、拉宾斯、先锋等。如果只栽植一个品种不配置授粉树，可以采取高接结果枝的方法来解决授粉问题，即在每株主栽品种树的顶部高接2个授粉品种，每个授粉品种嫁接3～5个结果枝条即可解决授粉问题。

第四章 砧木选择与苗木繁育

苗木繁育质量的优劣和品种纯度的高低将直接影响建园的质量，所以苗木繁育是决定建园后能否如期丰产、丰收的关键环节。大樱桃苗木繁育，首先要根据当地土壤质地来选择适宜当地栽植的大樱桃砧木，砧木品种确定后，先繁育砧木苗，再通过嫁接的方式获得大樱桃苗。

一、砧木品种

目前，生产中常用的大樱桃砧木分矮化和乔化两种类型，要根据当地土壤、气候和大樱桃的生长发育特性等来选择和应用正确的砧木品种。为了使所栽品种长势一致，可将具有长枝性状的、长势较旺盛的大樱桃品种嫁接在矮化砧木上，如美早、红灯等品种；将具有短枝性状的、长势较弱的大樱桃品种嫁接在乔化砧木上，如拉宾斯、沙米豆等品种。

（一）矮化砧木

1. 吉塞拉　吉塞拉系列樱桃是德国培育的矮化砧木，为欧洲酸樱桃与灰毛樱桃的杂交后代，是山东省果树研究所 1998 年从美国引入的矮化砧木。引入后最先在生产中栽培的是吉塞拉 5 号，后因栽植在地力水平较差地块上的品种和嫁接了具有短枝性状的品种在丰产后出现了早衰现象，所以目前生产中普遍应用的是吉塞拉6号。嫁接在吉塞拉6号砧木上的大樱桃表现为早果、丰产，2～3年生即可开花结果的优良性状，其抗病、耐涝、树体矮化、土壤适应性广、固地性能好。吉塞拉树体分枝角度较大，树形自然开张，根系发达，适于多种类型的土壤栽培。

吉塞拉号为三倍体杂交种，开花多、结果极少。

2. ZY-1（郑引一号） ZY-1是中国农科院郑州果树研究所1988年从意大利引进的樱桃半矮化砧木。其自身根系发达，萌芽率、成枝力均高，分枝角度大，树势中庸，根茎部位分蘖少。与大樱桃嫁接亲和力强，成活率高，进入结果期早，3年可结果。该砧木具有显著的矮化性状，幼树期植株生长较快，成形快，进入结果期之后长势显著下降，一般嫁接树树冠高2.5～3.5米。ZY-1砧木易生根蘖，栽培中应注意及时铲除。

（二）乔化砧木

1. 兰丁 兰丁系列的砧木是北京市农林科学院林果所于1999年用大樱桃品种先锋为母本，中国樱桃种质对樱为父本，进行远缘杂交所得，于2014年通过北京市林木品种审定委员会审定。

（1）兰丁1号（代号F8） 易于繁殖，嫁接亲和力好，嫁接口愈合平滑、坚固，根系发达，固地性好，抗根癌病能力强，耐褐斑病，较耐盐碱。耐涝、耐瘠薄。嫁接树整齐度高，树势强，成形快，较丰产，其果实产量和品质良好。该品种抗根癌病和褐斑病能力强，适合山区、丘陵区和土壤瘠薄地区栽培。大小脚现象不明显，进入结果期后，花束状果枝比例迅速增加，产量不断提升，年新梢生长因负载量的加大而降低，需加强春季修剪，合理负载。

（2）兰丁2号（代号F10） 为兰丁1号的姊妹系。兰丁2号绿枝扦插生根率高，繁殖力强；嫁接亲和力好，嫁接口愈合平滑、坚固；根系发达，固地性好。综合抗性较强，较抗根癌病，耐褐斑病，较耐盐碱，耐涝性和抗重茬能力好。嫁接树整齐度高，树势健壮，树姿开张，萌芽率成枝力强，早果性好，较丰产，嫁接品种果实品质优良。适合在平原地区栽植。兰丁 2 号根系长度可达到距树干 2 米，深度可达 90 厘米。

2. 中国樱桃（草樱桃小樱桃） 中国樱桃广泛分布于山东、山西、陕西、河南、四川、江苏和浙江等省，为小乔木或灌木型，株高 2～3 米，树干暗灰色，枝叶茂盛，叶片卵形或长卵圆形，暗绿色；花白色或略带红色，花期早；果实圆形或卵圆形，果较小，单果重 2～3 克，果皮红色、橙黄色或黄色，果柄有长、短两种。果肉多汁，味酸甜，皮薄不耐贮运（图 4–1）。中国樱桃在我国是广泛栽培的樱桃树种之一，也是广泛被用作大樱桃砧木的品种之一，与大樱桃嫁接亲和力强。缺点是，根系分布较浅，遇强风易倒伏。中国樱桃树体抗寒力差，在辽宁、河北两省的南部地区抽条和冻害发生严重，在北部地区则不能越冬。中国樱桃适宜沙壤土和壤土栽植，在黏重土壤中有根癌病发生。

3. 山樱桃 又称青肤樱、野樱花。山樱桃分布于辽宁的本溪、风城、宽甸，吉林的集安、通化等地。为乔木型，高 3～5 米，树皮深栗褐色，叶片卵圆形至卵圆披针形，深绿色，花瓣白色至粉色，果个极小，单果重 0.4～0.5 克，果实卵球形，果皮红紫色或黑紫色，果肉薄无食用价值。4 月下旬开花，6 月中下旬果实成熟（图 4–2）。山樱桃不易发生根蘖，用种子繁殖砧木苗快而容易，生长旺，当年可嫁接。嫁接成活率高，春季和秋季采用木质芽接法嫁接，其成活率可达 90% 以上。山樱桃树体生长健壮，抗寒力强。缺点是嫁接口高时，小脚现象严重，但不影响生长发育。山樱桃适宜沙壤土和壤土栽植，在黏重土壤中有根癌病发生。

4. 马哈利樱桃 马哈利樱桃是欧美各国广泛采用的樱桃砧木，原产于欧洲东部和南部。乔木型，高 3～4 米，1 年生枝黄

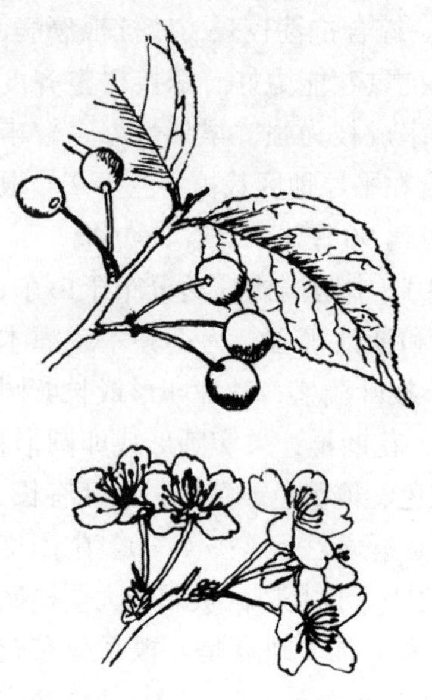
图 4-1　中国樱桃

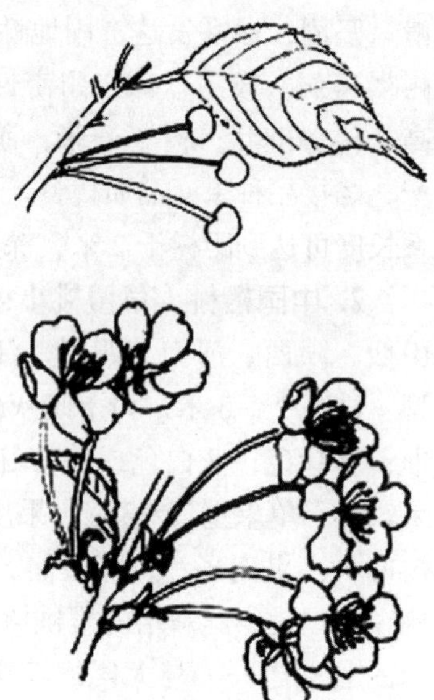
图 4-2　山 樱 桃

图 4-3　马哈利樱桃

褐色，叶片圆形至卵圆形，花瓣白色，果实小，球形，黑紫色，味苦涩不能食用（图 4-3）。马哈利根系发达，抗旱，但不耐涝、不耐盐碱，不宜在质地黏重的土壤上栽植，土壤黏重时根癌病严重。此砧木生长健壮，与大樱桃嫁接亲和力较强。

5. 酸樱桃　又称玻璃灯、琉璃泡、长把酸、毛把酸。酸樱桃根系发达，固地性强。为小乔木型，高 2～4 米，1～2

年生枝紫褐色，叶片小、倒卵形、深绿色，花瓣白色，单果重4～5克，果皮红色或紫红色，果实圆形或扁圆形，肉质较软，味酸（图4–4）。其果实很少鲜食，主要用于加工罐头、果汁等，其种子用作繁殖砧木苗嫁接大樱桃。酸樱桃与大樱桃嫁接亲和力强，嫁接株生长旺盛，丰产、寿命长。但在质地黏重土壤中树体生长矮小，易感染根癌病。

图4–4　酸樱桃

以上几种砧木是目前生产中常用的优良砧木资源，与大樱桃嫁接有很好的亲和力，生产中普遍应用。

二、苗木繁育

繁育大樱桃苗木，应先繁育砧木苗，再将大樱桃的枝或芽嫁接在砧木苗上，从砧木播种（扦插）到嫁接出圃需2年。

（一）砧木苗繁育

砧木苗的繁育方法主要有种子直播法、枝条扦插法、分株法以及组织培养法等。生产中山樱桃、马哈利、酸樱桃和中国樱桃多采用种子直播法来繁育砧木苗，中国樱桃还可采用扦插或分株等方法来繁育砧木苗；ZY–I多采用组织培养法（组培）来繁育砧木苗；吉塞拉和兰丁多采用嫩枝扦插法和组织培养法来繁育砧木苗。

1. 种子直播法 用种子繁殖砧木苗成本低，繁殖系数大，根系旺盛粗壮，是生产中应用最多的方法。

（1）种子采集与处理 砧木种子的采集必须在果实充分成熟后进行，采后洗净果肉并漂去秕种，于阴凉处将种皮稍微晾干，不可以暴晒和完全干燥，暴晒干燥会使种子丧失生命力。因此，种子表皮稍干后应立即沙藏，也就是层积处理。沙藏时，沙的湿度以手握成团松手即散为宜。沙藏坑应选择背阴冷凉干燥处，挖 50 厘米深的长条坑，长、宽视种子数量而定。坑底铺 20 厘米厚的湿沙，将种子与干净过筛的细沙按 1∶5 的比例混拌均匀后，放入坑内或装尼龙纱网袋平放坑内，中间束一秫秸把，上盖细湿沙高出地面，坑上搭防雨盖，防止坑内积水引起烂种（图 4–5）。

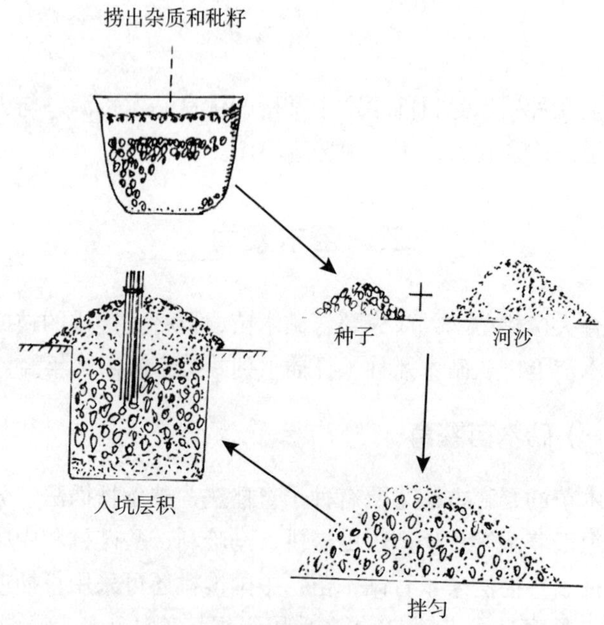

图 4–5 种子层积方法

种子贮藏期间要定期检查，防止高温和鼠害。砧木种子层积时间一般为 100～180 天，种子开壳后即可播种。若春季播种较晚，贮藏坑温度超过 2℃以上时，应将种子取出贮藏至 0℃冷库中，以防止种子萌芽达 2 毫米以上，影响出苗率。

（2）**播种及播后管理**　春、秋两季均可播种。春季播种时间为土壤解冻后，秋季播种应在土壤结冻之前。温室播种可在 11 月份种子开壳后进行。多采用营养钵或穴盘育苗，春季再移入露地栽培。温室内播种的要先将层积好的种子进行室内催芽处理，室温保持在 20℃左右，种子露白后，即可进行播种。

田间播种应选择背风向阳的地块，土壤质地为沙壤土或壤土，苗圃地设有灌溉和排水设施。播种方法一般采用垄播，因垄播便于嫁接和管理，播前细致整地，垄宽 50～60 厘米，或平地开沟条播。播后压平底格，上覆潮湿细沙 5～6 厘米厚。若土壤墒情不好，开沟后先浇底水再播种；若不压底格，则直接盖细沙。盖沙后上覆地膜保墒，待种芽顶土时在膜上扎孔通风，出苗后顺行将地膜划开，2～3 天后去除地膜。

山樱桃种芽顶土能力弱，种子上覆土或萌芽后再播种，都不能保全苗。每 667 米^2 用种量以山樱桃 8～10 千克、中国樱桃 10～12.5 千克为宜。

砧木苗出土后应注意防治立枯病。生长期应加强肥水管理，适当蹲苗。嫩茎木质化后，要追施速效肥料，每 667 米^2 追施尿素 5 千克、磷酸氢二铵 5 千克，共追 2 次，每次追肥后及时浇水。7 月中旬以后适当控制肥水，叶面喷施 0.3%～0.5% 磷酸二氢钾溶液，促使幼苗粗壮，以便嫁接和增强其越冬能力。8 月下旬至 9 月上旬，若苗木粗度达 0.4 厘米以上，则可进行带木质部芽接。冬季最低温在 -18℃以上的寒冷地区可于翌年春季嫁接，如果是用中国樱桃砧木育苗，越冬前须将嫁接部位埋土防寒。

2. 枝条繁殖法　即扦插繁殖，可分为硬枝扦插和绿枝扦插两种方法。

（1）**硬枝扦插** 插穗采自母株外围的1年生发育枝，粗度为0.5～1厘米、长15厘米左右，上端剪平，基部剪成马蹄形。若在冬季采条，则暂不剪成插穗，每50～100根一捆，贮藏于地窖或贮藏沟内，用湿沙（湿沙的相对含水量为60%）封存，扦插时再剪成插穗，冬季贮藏期间注意保持适宜的温湿度，防止冻害和积水，没有冻害地区也可在春季随采随插。

硬枝扦插多采用高畦宽行扦插和高垄扦插法。高畦每畦双行，行距30厘米左右、株距15厘米；高垄单行垄高10～12厘米、垄距30厘米、株距10厘米，垄和畦上覆地膜。插前用生根剂浸插条基部，然后将插穗呈60°斜插入垄内，倾斜方向要一致，地膜外仅露一芽，插后灌水（图4–6）。在发芽期间适量浇水，但要尽量减少浇水次数，以防降低地温影响生根。硬枝在插后25天左右生根，生根后注意加强肥水管理，雨季注意排涝和防治病虫害。硬枝扦插一般到秋季时都可以达到嫁接粗度或出圃标准。

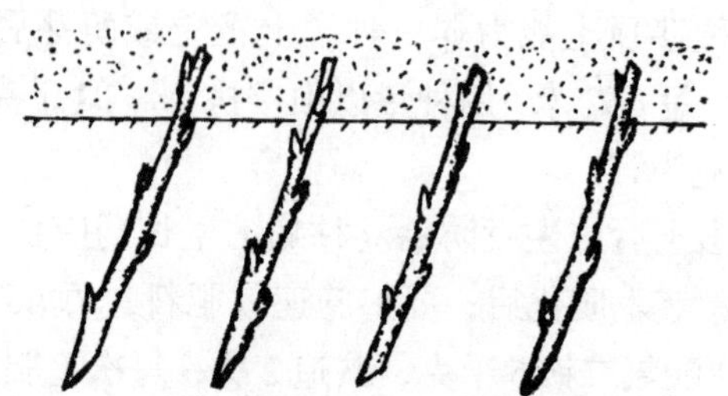

图4–6 硬枝扦插

（2）**绿枝扦插** 多在6～9月份进行，在覆盖有遮阳网的塑料大棚里采用弥雾扦插法繁殖。扦插基质是用洗净的河沙，将河沙铺在苗床内，苗床高于地面30厘米左右。苗床做好后对沙床喷洒0.3%高锰酸钾溶液（按5千克/米^2）消毒，盖严棚膜2天后，将高锰酸钾淋洗下去，即可扦插。选择半木质化、粗度在0.3厘

米以上的当年生枝，剪成长度 15 厘米左右的枝段作插穗，剪除其下部叶片，保留上部 2～3 个叶片，上端剪成平口，下端剪成斜口，蘸生根剂（ABT）后立即扦插。插前先用竹签在苗床上扎孔，深度为插穗长度的 2/3，插后摁实孔缝，用弥雾装置保持空气相对湿度在 80%～90%，温度保持在 30～38℃，并且每周喷 1 次杀菌剂和营养剂。绿枝生根后，逐渐降低空气湿度，增加光照和通风量。待新梢长出 10 厘米左右时，选阴雨天将其移栽至露地苗圃，扦插较晚的可在塑料大棚内越冬，翌年春季移栽露地苗圃中。移栽后及时浇水，成活后加强病虫和肥水管理。

3. 分株繁殖法　分株繁殖法分为母树压条分株、母苗压条分株、母树培土分株和母苗平茬分株 4 种方法，多用于中国樱桃砧木繁殖。

（1）母树压条分株　选择丛状或开心形树形、生长健壮、枝条粗细较一致的中国樱桃树作为母树，于春季或夏季将母树靠近地面的分枝或侧枝，呈水平状态压埋于地表下，生根后于秋季或翌年春季将已生根的压条剪断，分出新株（图 4–7）。

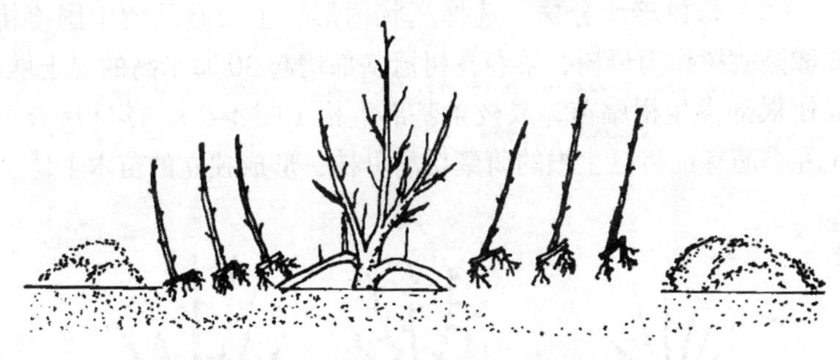

图 4–7　母树压条分株

（2）母苗压条分株　将 1 年生苗木呈 45°角斜栽，株距约等于苗高，当苗木萌芽后，将苗木水平压倒并加以固定，上覆细沙或壤土约 2 厘米厚；新梢长 5～10 厘米时，按 10～15 厘米的间距留一新梢进行疏间，再覆壤土厚 10 厘米左右；苗高 30 厘米左右时再覆一次壤土，覆土前施入复合肥。秋季起苗时，分段剪成独立植株（图 4-8）。

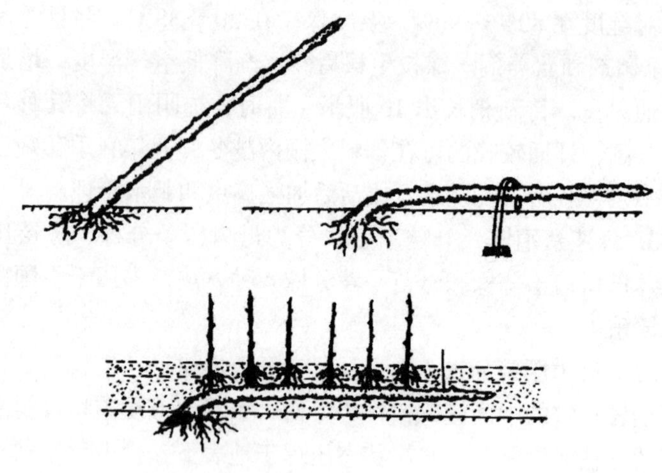

图 4-8 母苗压条分株

（3）母树培土分株 选择丛状树形、生长健壮的中国樱桃或酸樱桃树作为母树，早春在树冠基部培起 30 厘米高的湿土堆，促使根部发生根蘖苗，或枝条基部生根（图 4-9）。落叶后或翌年春季萌芽前将已生根的萌蘖切离母株，形成独立的苗木个体。

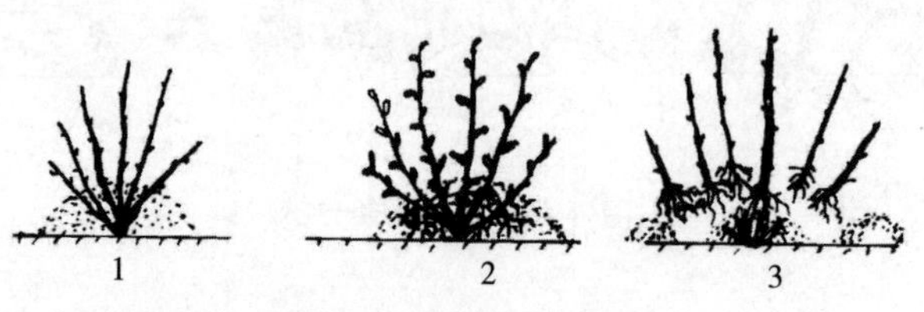

图 4-9 母树培土分株

1. 春季培土 2. 初夏培土 3. 分株

（4）母苗平茬分株 春季将1年生苗从地表5～8厘米处剪断，待萌芽长出20厘米左右时，用湿润土壤进行第一次培土，培土时将过密的萌蘖分开，以利于均衡生长，待萌蘖苗高40厘米左右时再培1次土。两次培土后都要进行浇水和施肥等管理。秋季落叶后扒开土堆分株，分株后应对母苗培土防寒（图4–10）。

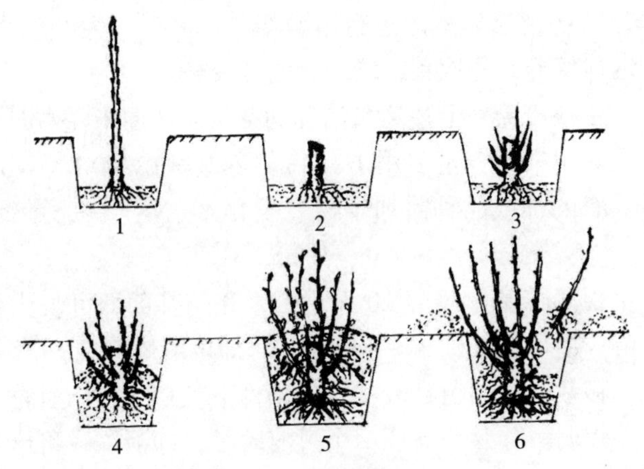

图4–10 母苗平茬分株

1. 定植 2. 剪砧 3. 萌蘖 4. 第一次培土 5. 第二次培土 6. 分株

4. 组织培养繁殖 用此法培育樱桃砧木苗，不仅繁殖速度快，而且利于保护其优良特性。其方法步骤如下。

（1）外植体消毒与接种 取田间当年新梢或1年生枝条，去叶、用自来水将表面刷洗干净，剪成一芽一段放入干净烧杯，置于超净工作台消毒。常用消毒剂为70%酒精，0.1%新洁尔灭，0.1%升汞，三者可配合使用。

先用70%酒精浸泡2～4秒钟，再放到0.1%新洁尔灭液中15分钟，再用0.1%升汞液消毒5～10分钟；期间用无菌水冲洗2～3遍，然后剥去叶柄、鳞片，取出带数个叶原基的茎尖接入培养基，半包埋。樱桃培养基多采用MS培养基，附加细胞分裂素

（BA）0.1～1 毫克 / 升＋吲哚丁酸（IBA）0.3～0.5 毫克 / 升、蔗糖 30 克 / 升。

（2）初代培养和继代培养 茎尖接种后置于 3 000 勒克斯光照下 8～10 小时（暗 14～16 小时）、温度 26℃±2℃的环境下培养，经大约 2 个月的初代培养，每个生长点可长到 2～3 厘米长，并已形成多个芽丛，这时便可进行继代培养，将每个芽丛切割下来，转接到培养基上进行增殖培养。其后，大约每 25 天进行一次继代培养，每次芽的增殖数为 4～6 倍。

（3）生根培养 上述增殖培养的芽长到 3 厘米左右时，即可用于生根。生根培养基多用 1/2 MS 培养基 +IBA 0.1～0.5 毫克 / 升制成。有的种或品种需加生物素或 IAA、NAA 等，蔗糖 20 毫克 / 升。

在生根培养基上培养 20 天左右，芽的基部即可长出根，成为完整苗。生根苗长到 3～5 厘米高时即可锻炼移栽。

（4）移栽 组培苗在人工培养条件下长期生长，对自然环境的适应性较弱。移栽前需要一个过渡阶段，即锻炼。将培养瓶移至自然光下锻炼 2～3 天，打开瓶口再锻炼 2～3 天后取出生根的砧木苗，先洗净根系上的培养基（避免培养基感染杂菌致苗死亡），再移入基质营养钵或穴盘中，将移栽后的砧木苗放在有塑料膜覆盖的温室或大棚中，保持适宜的湿度和温度。温度保持在 20～28℃，湿度保持在 80%～90%，光照强度为 3 500～4 000 勒克斯。经上述锻炼 1 个月左右，5 月下旬至 6 月上中旬即可移入田间。

（二）大樱桃苗繁育

繁育大樱桃苗木主要是采用嫁接的方法，嫁接时期分春、夏、秋三季。春季嫁接宜在 3 月中下旬开始，各地气候不同略有差异，即树液流动后至萌芽初期进行。夏季嫁接宜在 6 月份进行，过晚则当年成熟度不够不易成苗，南方可稍晚。秋季嫁接宜在8月底至9月中旬进行，过早易萌发不利越冬，过晚不易愈合。

嫁接苗木前7～10天要将砧木苗圃浇一次透水，待地表稍干时开始嫁接，嫁接前还应选取接穗，并备好0.6～1厘米宽、20厘米左右长的塑料条。

夏、秋季嫁接时，可在接前1～2日选取当年生木质化程度高的发育枝，取后立即去掉叶片，留短叶柄。春季嫁接的，需在上年的秋季落叶后选取1年生发育枝，用湿沙贮藏或装在塑料袋内密封放在0～5℃条件下贮藏，无冻害的地区可在春季萌芽前选取。

田间嫁接时，接穗应放在装有3～5厘米深的水桶中，远途携带时用湿布袋包装，内填湿锯末或湿纸屑，注意冷藏运输。

1. 嫁接方法与时期

（1）木质芽接法　木质芽接法是繁育大樱桃苗最佳的一种嫁接方法，春、夏、秋三季都可应用，成活率高。但是，夏季采取木质芽接法，较“T”字形芽接法愈合慢。

木质芽接法是先在接穗叶芽的下方约0.5厘米处斜横切一刀，深达木质部，再在芽上方1.5～2厘米处向下斜切，深达木质部2～3毫米，削过横切口，取下带木质的芽片。然后在砧木基部选光滑处横斜切一刀，再由上而下斜削一刀达横切口，深度2～3毫米，长、宽与芽片相等。将削好的芽片嵌入砧木的切口内，使形成层密切吻合。若砧木粗度大于或小于芽片，则要保证一侧的形成层对齐，然后用塑料条自上而下绑紧即可（图4–11，图4–12）。

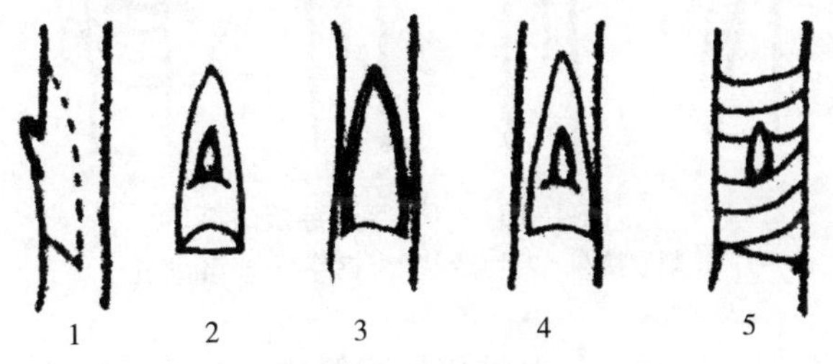

图4–11　木质芽接法

1. 取接芽　2. 芽片　3. 削砧木　4. 砧穗结合　5. 绑扎

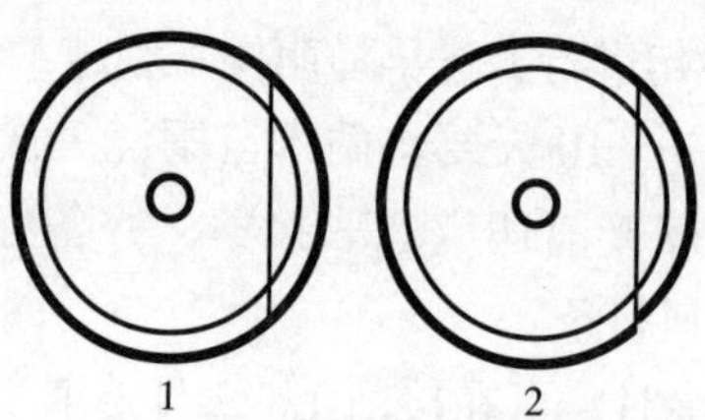

图 4–12 对齐形成层（俯视图）

1. 两侧对齐 2. 一侧对齐

（2）**"T"字形芽接法** 嫁接时期为 6 月份。过早接穗，皮层薄，芽嫩不易成活；过晚接穗，护皮不易剥离，而且到秋季时苗木成熟度也不好，影响苗木质量。

先将砧木苗距地面 2～5 厘米处的泥土抹干净，在其光滑处横切一刀，深达木质部，刀口宽度为砧木干周的近一半，并在切口中间处向下竖划一刀。然后削接芽，先在接芽的上方 0.6～0.7 厘米处横切一刀，刀口宽度为接穗直径的一半，再由芽下 1.5 厘米处向上斜削，由浅入深达横刀口上部，然后用左手拇指和食指在芽基部轻轻捏取芽片，再拨开砧木"T"字接口，把芽片迅速插入，使芽片横刀口与砧木的横刀口对齐后绑扎（图 4–13）。

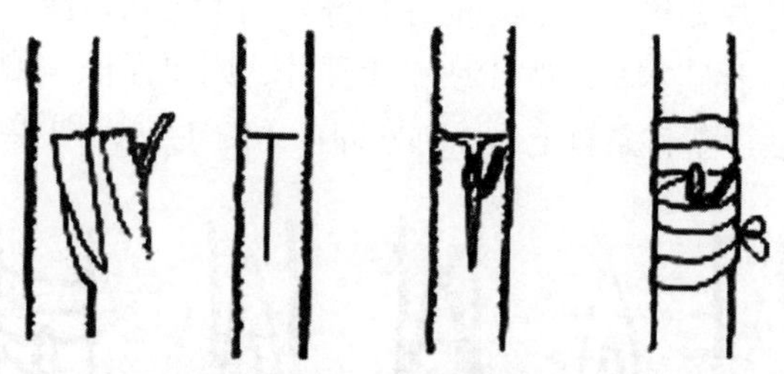

图 4–13 "T"字形芽接法

1. 削取接芽 2. 切砧木 3. 砧芽结合 4. 绑扎

采用"T"字形芽接法嫁接的甜樱桃，对嫁接技术和接穗等要求严格，必须熟练掌握才能提高成活率。

（3）舌接法 舌接法多用于高接换种，高接换种当年嫁接当年即可形成花芽。常用于砧木粗度大于接穗粗度时的嫁接。嫁接时期为春季萌芽期。

先将砧木（或砧枝）剪断，在横切面的一侧1/3处纵切一刀，长约3厘米，然后自纵切口下端另一侧向上斜削至纵切口处，形成大斜面。接穗削法与砧木相同，接穗要保留3～4个芽，先在横断面1/3处纵切一刀长3厘米，再把厚的一面削成长斜面，然后将接穗斜面与砧木的斜面插接在一起，形成层对齐，最后用塑料条绑紧即可（图4–14）。

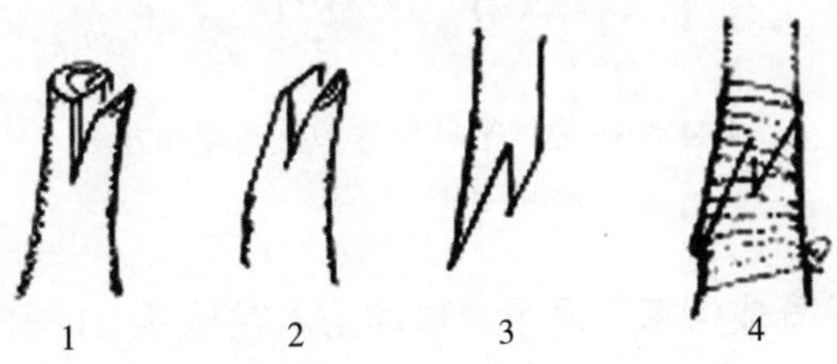

图4–14 舌 接 法

1. 削开砧木 2. 再斜削 3. 削接穗 4. 砧穗结合后绑扎

2. 嫁接后的管理

（1）剪砧 夏季采用“T”字形芽接和木质芽接的，接后在接芽上留10片叶剪断砧木，或在接芽上留8～10片叶处折砧（图4–15），待接芽长出7～10片叶时剪断砧木。秋季嫁接的接后不剪砧，待第二年春萌芽时在接芽上1～1.5厘米处剪断砧

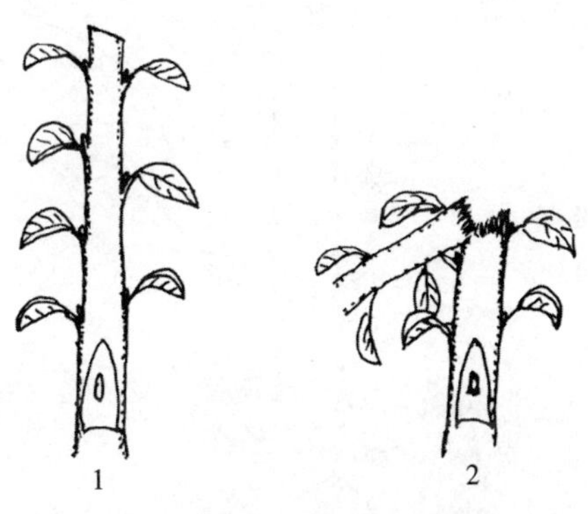

图4–15 夏季嫁接后砧木的处理方法

1. 芽上留7～10片叶剪砧
2. 芽上留4～5片叶折砧

木。春季木质芽接时，在接芽上留 20 厘米左右剪砧，待接芽长出 7～10 片叶时在接芽上留 1.5～2 厘米剪砧（图 4–16）。

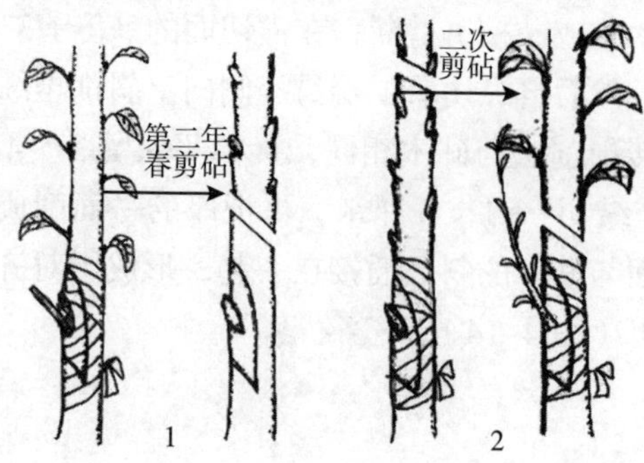

图 4–16　秋、春季嫁接剪砧时期和方法

1. 秋接　2. 春接

（2）检查成活率　夏季嫁接的苗木在接后 10～15 天应检查成活情况，接芽表皮新鲜、叶柄一触即掉的表明已成活，叶柄褐枯不掉的说明没成活（图 4–17）。

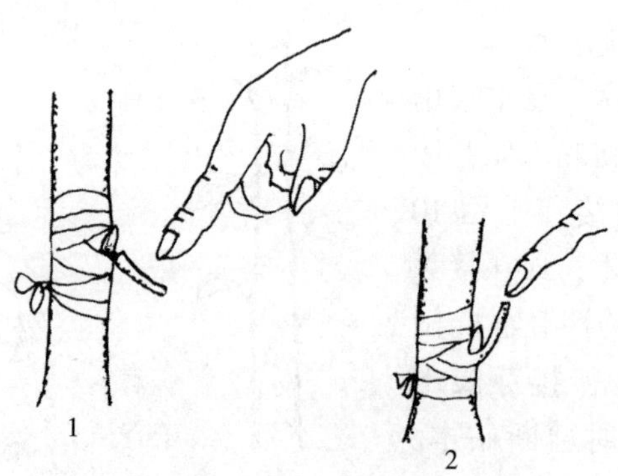

图 4–17　检查成活率

1. 已成活　2. 没成活

（3）除萌　嫁接的苗木在接后要随时摘除接芽上面和下面的萌蘖（图 4–18），这项工作要多次进行。

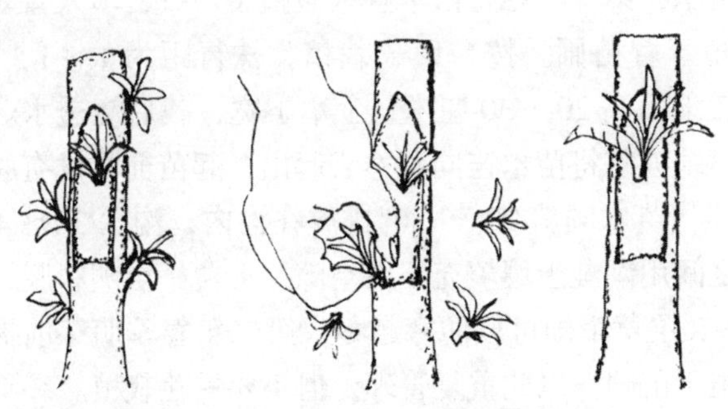

图 4–18　除萌蘖

（4）绑缚和摘心　接芽萌发后，遇风极易从嫁接口部位折断或弯曲，因此必要时注意绑缚。待苗高 70～80 厘米时进行摘心，摘去先端约 20 厘米，当年可以培养成具有 4～6 个分枝的小幼树，摘心时期不能晚于 6 月底。

嫁接后不要浇水过早，干旱必须浇水时可在 1 周后浇水，注意水不要漫到接口，以免引起流胶影响成活，并注意防治毛毛虫、椿象、尺蠖、梨小食心虫和叶斑病。

（三）幼树的假植培育

要想从事大樱桃保护地生产，就必须具备 4 年生以上树龄的结果幼树，露地不能安全越冬的寒冷地区，往往是采取南树北移的方法，为了降低运输成本，可采取露地假植方法培育结果幼树。冬季用拱棚保温或移入贮藏沟保温，翌年春再移入露地假植培养，达 4～5 年生时再定植于保护地内。

1. 准备营养土和假植袋　用腐熟的牛粪或农田中腐烂的杂草、豆秸、稻壳等，与沙壤土配制成 2∶1 的营养土，利用废旧的尼龙编织袋或无纺布袋为假植袋材料，假植袋直径为 40～50

厘米，高30～40厘米。

2. 假植方法 选用无病毒病、无根癌病和流胶病的1～2年生嫁接苗木，第一年春将苗木置入假植袋中央，填入营养土，墩实后栽植于育苗圃。按台田式栽植，株行距为1～1.5×2米，台田面较地面高20～30厘米，上窄下宽，栽后浇透水。秋季落叶后土壤结冻前将苗木连同营养袋起出，起苗前将没有脱落的叶片剪除，将苗木倾斜20°～30°排放在沟内，沟深30～40厘米，假植袋之间用潮湿土壤填充不留空隙，上覆一层塑料膜，塑料膜上覆1～2层草帘即可以防寒越冬。第二年春季萌芽前揭开防寒物，栽植于苗圃。以此重复管理，但不要重茬栽植。

第五章
保护地园区规划与建设

保护地大樱桃园规划与建设最重要的是选址和建筑质量，由于设施是长久性建筑且投资大，选址和建筑应从长远目标考虑，认真规划和合理选择设施场地。建造质量是保护地栽培成功的首要环节，保护设施的好坏，将直接影响其升温时间、保温性能和采光效果，进而影响树体生长发育和果品的产量和质量。

一、园址选择

（一）对周围环境的要求

无论是温室还是大棚，首先场地应开阔，东、西、南三面应无高大树木或建筑物遮挡；其次是交通便利，利于产品运销，但不宜过分靠近公路，以防尘土附着棚膜，降低光照强度。此外，还要避免在厂矿附近建造，防止有害气体污染。

（二）对土壤条件的要求

选择土层比较深厚、透气性好、有机质含量高及保水保肥能力强、地下水位低、pH 值为 6～7.5 的沙壤土和壤土地块建园，如果地下水位高，可采取台田式栽植。大樱桃不能重茬栽植，也不能与桃、李、杏等重茬栽植。在重茬地、蔬菜地和盐碱地建园

应改换土壤后再栽植。建造温室时还应考虑地面的平整度，棚内地面要略高于棚外地面 20～30 厘米，利于通风、排水防涝。不提倡建造地伏式（地窖式）的温室，否则冬季生产时室内湿度大，夏、秋季气温高，不利于樱桃的生长发育。

（三）对排灌条件及水质的要求

大樱桃既不耐涝也不耐旱，因此要求园内有排灌设施，做到旱能灌、涝能排。同时，大樱桃也不抗盐碱，灌溉水的 pH 值应为 6～7.5，最适宜的 pH 值为 6～7。

二、设施类型选择与建造

保护地栽培的设施类型选择和建造质量将直接影响其升温时间、保温和采光的效果，进而影响树体生长发育和果品的产量、质量。设施类型的选择和建造质量是保护地栽培成功的关键。由于设施是长久性建筑且投资大，所以设施类型的选择与建造应从长远考虑。

（一）设施类型

大樱桃保护地栽培的设施类型主要包括塑料日光温室和塑料大棚，此两种类型主要是以促早熟和促晚熟栽培为目的的栽培设施。此外，还有防雨大棚和防鸟的设施，这两种类型也属保护地栽培范畴，但其目的是以防裂果、防鸟害等为主的栽培方式。

1. 按其应用的主要目的划分设施类型

（1）促成栽培　促成栽培包括促早熟栽培和促晚熟栽培，促晚熟栽培也称延晚栽培。促成栽培是我国大樱桃保护地生产中的主要栽培目的之一。促早熟栽培是采取人为措施，在满足大樱桃低温需求量之后，促其开花结果期较露地提前；促晚熟栽培也是采取人为措施，将大樱桃的开花结果期较露地延后一段时期。促

早熟和促晚熟栽培方式的优势区在我国的北方各省份。北方各省进入秋、冬季的时间较南方地区早，而落叶果树的生长发育是在满足低温需求量后，就可以在保护地栽培，促其提早开花结果，使果实较露地提早成熟1～3个月；相反，越是往北，春季回暖越晚，还可以以保护地的形式，利用人为措施促其延后开花结果，使大樱桃果实较露地延后成熟1～2个月。

（2）**防鸟害栽培**　露地大樱桃在果实成熟期，会遭到各种鸟类啄食，造成减产。采用专用的防鸟网将果园或树冠罩上，可达到防止鸟类啄食果实的目的。

（3）**防雨和防霜雹栽培**　露地大樱桃的果实成熟期常会遇到降雨，引起果实发生不同程度的裂口；开花期还会遇晚霜危害，降低坐果率；幼果期遇冰雹会伤及果实和叶片，造成减产。采取人工措施在树冠上方架设塑料薄膜，形成保护伞，可以达到防裂果和防霜雹的目的。

2. 按其建筑材料划分设施类型

（1）**竹木结构**　主要建筑材料是竹竿（或木杆）、竹片和水泥立柱，其建筑材料成本低，但使用年限较短，竹竿或木杆用久后易出现扁裂或腐烂，需要更换，这种类型温室和大棚已被钢架结构所取代，已很少有应用。

（2）**钢架结构**　主要建筑材料是管钢和钢筋，其空间大，无支柱，土地利用率高，方便作业，使用年限较长，但建筑材料较竹木结构成本高，管钢和钢筋也需刷漆维护。

3. 按其结构划分设施类型

（1）**温室**　在保护地栽培中，把坐北朝南具有东、西、北三面为立面，南面为斜面或半拱圆形的采光面，称为温室。覆盖塑料薄膜的温室称为塑料日光温室，简称日光温室。这种温室保温性能好，适于北纬35°以北地区的大樱桃促早熟或促晚熟栽培。

（2）**大棚**　在保护地栽培中，屋面为全拱形或屋脊形，四周无墙体、无立面，称为大棚。屋面覆盖塑料薄膜的大棚称为塑料

大棚。塑料大棚有单栋式和连栋式两种，按其有无覆盖物又分暖棚和冷棚，有覆盖物的大棚被称为暖棚，无覆盖物的则被称为冷棚。塑料大棚土地利用率高，但保温性能差，多在北纬 42° 以南地区应用，但以北纬 35° 左右地区应用最多。塑料大棚无墙体，建造成本低，与温室配套栽培，可延长果品供应期。露地大樱桃能安全越冬的地区，利用大棚栽培时可采取覆盖草帘和无覆盖草帘两种方式，北部寒冷地区必须覆盖草帘。

4. 按其覆盖方式划分设施类型

（1）外保温式　将保温覆盖物覆盖在温室和大棚膜外面的称外保温式。目前生产中的温室和大棚多采用外保温形式，外保温的优点是保温效果好，缺点是：①保温覆盖物湿水后，既增加了重量，又降低了保温性，而且影响卷放自如性；②保温覆盖物的材料均有易燃性，存在火灾隐患；③保温覆盖物为稻草帘的，对棚膜还存在损污，会降低薄膜保温效果和透光率。

（2）内保温式　将保温覆盖物安装在温室或大棚的里面称为内保温。内保温材料是由保温膜与泡膜复合而成的保温被，通过滑道呈折叠式放置或以卷管卷放。内保温的优点是：①保温被呈内置式，不受风雨影响，整栋温室或大棚形成整体保温被，从而降低了贯流放热和缝隙放热性能；②保温被重量轻，操作轻便，降低了温室骨架的载荷；③内保温被既不受风吹雨淋，也少受紫外线辐射，使用寿命长，相对成本较低；④内保温被与棚室骨架有 20 厘米左右的距离，这样不但提高了保温性能，又不损伤棚膜。

（二）温室和大棚的性能

1. 光照　温室和大棚的热源是太阳能，其光照强度取决于棚室外自然光的强度。强度大小随地理纬度和天气条件的变化而变化。棚室内光照强度与棚室外同步变化，不过也取决于塑料薄膜的透光性能。棚室内的光照强度从前往后依次减弱，后屋面内光照强度最弱，在午前和午后，温室的东西山墙附近遮阴，光照

强度较弱。在垂直方向上，光照强度从上到下递减，如果在薄膜内侧附近相对光照强度为 80%，那么距地面 0.5～1 米高度，相对光照强度只有 60% 左右，所以距地面处相对光照强度更小。

2. 温度　由于温室和大棚的温度来源于太阳辐射，因此棚室内温度高低与光照有直接的关系。晴天光照强，棚室内温度高，夜间和阴天温度较低。冬季和早春棚室内外温差大多在 15℃以上，棚室内最低气温出现在揭开保温覆盖物之前，刚揭开时，棚室内气温会略有下降，但很快回升。晴天的上午如果不开通风口时，每小时可上升 5～6℃，下午 1 时左右气温最高，然后逐渐下降，直至放下保温覆盖物；放下覆盖物后，气温又会回升 1～2℃，到夜间后棚室内温度还会缓慢下降，一般下降 3～8℃。日光温室内各部位温度的水平分布也有差异，白天南高北低，夜间北高南低，上午靠近东山墙部位气温较低，西山墙较高。下午近西山墙部位气温较低，东山墙较高。近门部位温度也较低。室内气温呈垂直分布，上部气温高，向下逐渐降低。

棚室内的地温规律是中部最高，前底角处最低，山墙底根处和近门处地温较低。

3. 湿度　影响棚室内湿度的主要因素是地面土壤水分、棚膜冰霜和滴水。土壤水分主要来源于灌溉，因此灌水后土壤湿度最大，棚室内的湿度也最大。揭开覆盖物后，外界温度低、光照不足时，棚膜结霜或棚内有雾，此时湿度最大。温度低时，树体蒸腾和地面蒸发量较小，空气相对湿度也大。温度高时，夜间湿度大于白天湿度，阴天时的湿度大于晴天的湿度。每天刚揭开覆盖物时空气相对湿度最高，通风后湿度随温度升高而逐渐下降，到下午 2 时以后随温度的下降又开始升高。棚室内，白天空气相对湿度多在 20%～60%，夜间多在 80% 以上。

（三）温室设计与建造

1. 温室设计　日光温室设计包括温室方位、长度、宽度

（跨度）、矢高、前后屋面角等。

（1）**温室方位** 温室方位即温室屋脊的走向。温室的方位固定为坐北朝南（真子午线方向），东西走向。各地区可根据本地方位，采取正南方向，或向东或向西偏5°左右。冬季气温高的地区，或有加温设备的温室可采取正南方向，或向东偏5°，以充分利用上午阳光，但在北方寒冷地区，由于上午气温低，不能过早揭开草帘，因此要偏西3°～5°，以延长下午温室内光照时间。

（2）**温室长度与面积** 温室的长度一般在80～100米，面积在500～1 000米^{2}为宜。

（3）**温室跨度与矢高** 温室跨度是指温室南底角距北墙内侧之间的距离，也称宽度。大樱桃日光温室跨度一般为8.5～12米。矢高是指屋脊距地面的垂直高度，一般矢高为3～5米。其矢高与跨度的比值为0.4～0.5，以利于采光和揭放覆盖物。

（4）**温室前后屋面角与后屋面（后坡）** 前屋面角是指前屋面与地平面的夹角；后屋面角是指后屋面与地平面的夹角，又称屋面仰角。前后屋面角度大小将直接影响温室采光效果。前屋面角大小应以利于温室采光，以及前部樱桃树生长和方便卷帘作业为前提。前屋面底角为50°～70°，中屋面角为20°～30°，上部屋面角为10°～15°。后屋面角应比冬至太阳高度角大7°～8°，一般在25°～38°，以使温室内充满直射阳光。各地区在应用时可视具体情况而定。

温室的后屋面，一般选用短屋面，目的主要是扩大采光面，利于大樱桃的生长发育，提高土地利用率。但在北纬40°以北地区，后屋面也不宜太短，因为后屋面太短时白天升温快，晚间降温也快。后屋面水平投影宽度应不少于1.5米，北纬40°以南地区可适当减少。温室后屋面的覆盖材料以保温性强、压力轻为主。

（5）**温室墙体** 温室墙体一般有土墙和砖墙或石头墙，砖墙材料除常见的黏土砖外，还包括空心砖、灰沙砖、矿渣砖、泡沫混凝土砖等。温室墙体厚度因各地气候条件不同而存在差异，北纬35°左右地区，墙体厚度以0.5～0.6米为宜，北纬40°以北地区墙体厚度以0.8～1米为宜。冬季气温在-30～-20℃的寒冷地区，后墙可砌成窑洞式墙体（图5-1）或干碴石式墙体（图5-2），这两种墙体有蓄热功能，能提高夜间棚温3～5℃。后墙高度视矢高而定。如矢高为3米左右时，后墙高度为2～2.5米，当矢高为3.5～5米时，后墙高2.5～4米。

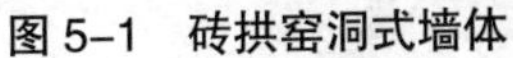
图5-1 砖拱窑洞式墙体

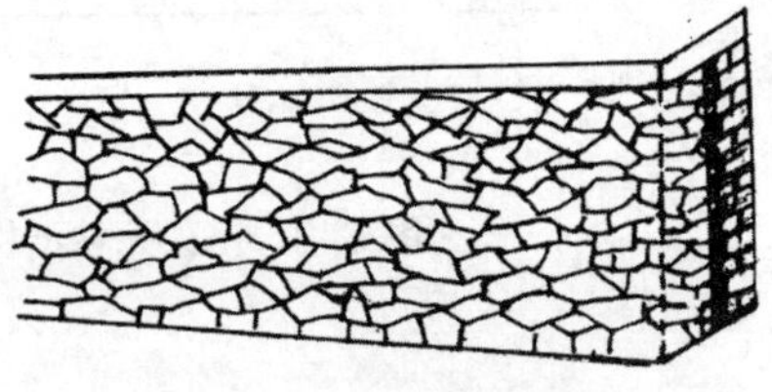
图5-2 干碴石墙体

（6）**温室间距** 建造日光温室群时，前排温室与后排温室之间的距离以冬至前后不遮光为准，各地因纬度不同而有所差异，一般前后排温室间距为温室矢高的1.8～2.5倍。左右并排温室间隔一般为4～6米。温室后屋面的覆盖材料以保温性强、压力轻为主。

2. 温室建造 设施结构的选择，主要依据太阳辐射的强度、光照时间、气候条件及经济实力而定，目前生产上普遍采用的结构是半拱圆式钢架结构温室。

（1）**钢架结构无柱有墙体温室** 前屋面为半圆拱形，温室宽8～12米，矢高3.5～5.5米（图5-3，图5-4）。前屋面为钢结构的一体化半圆拱架，拱架由上、下双弦和在其内焊接的拉花（腹杆）构成。上弦为直径40～60毫米钢管，下弦为直径10～12毫米圆钢，拉花为直径8毫米圆钢。拱架间距80厘米，拉筋为直径14毫米的圆钢，东西向共设3～4根拉筋，温室宽度在10米以上的设5根，拉筋焊接在拱架的下弦上，两头焊接在东西山墙的预埋件上。

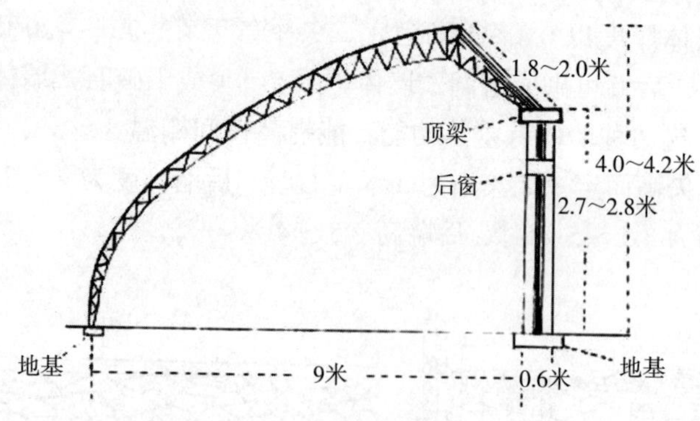

图 5-3 钢架无柱结构温室（9 米）

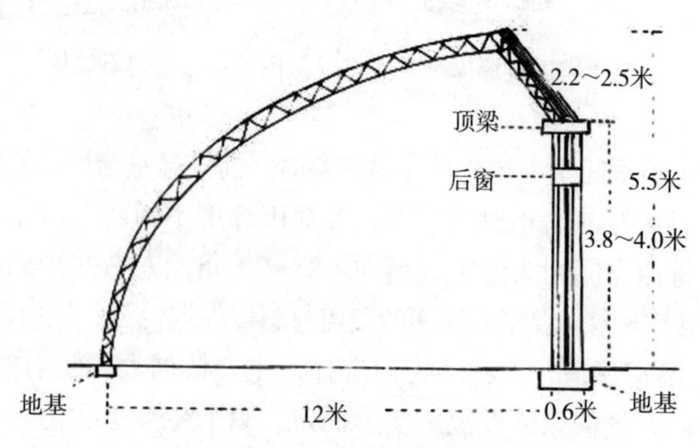

图 5-4 钢架无柱结构温室（12 米）

墙体用红砖或水泥砖砌筑，墙体内夹保温板，墙顶处的外墙比内墙高 0.6 米（称女儿墙）。后墙、山墙和前底角的地基用毛石砌筑，深 3050 厘米，后墙顶梁和前底角地梁分别浇注 20～25 厘米和 10～15 厘米厚混凝土。

后墙顶梁混凝土中按骨架间距预埋焊接骨架的钢筋件，并按卷帘机立柱间距预埋钢管件，如果卷帘机立柱焊接在钢骨架上，或采用单臂式卷帘机的，可不预埋钢管。前底角地梁混凝土中按骨架间距预埋焊接骨架的钢筋件，并在每骨架中间预埋1个用来拴压膜绳的拴绳环。两侧山墙在距顶部20厘米左右向下至前底脚处，等距离预埋3～5个用来焊接3～5道拉筋的"+"字形钢筋件。山墙上面纵向镶嵌一根压膜槽。

后墙距地面1.2～2米高处，设通风孔或通风窗，间距4～5米，通风孔用瓷管镶嵌，管径40～50厘米，通风窗为木制或塑钢，窗口直径为55～60厘米×55～60厘米。

后屋面是在钢筋骨架上铺木板，木板上铺1～2层苯板，苯板上铺一层珍珠岩或炉渣，上面抹水泥砂浆找平层，平层上烫沥青（一毡两油）防水，或在苯板上直接安装彩钢板防水。后屋面钢筋骨架的正脊上，延长焊接一根6号槽钢（槽钢里放木方固定棚膜），在槽钢外侧的每个骨架中间各焊接一拴绳环，以便拴压膜绳。

（2）钢架结构有柱无墙体温室 无墙体的温室与有墙体温室的方位、跨度和高度相同，不同的是后墙和两侧山墙都用钢骨架代替，或两侧山墙用砖砌制。骨架间距80厘米，温室内的屋脊下按照东西向每3.2延长米设1根钢管立柱（也可不设立柱）。后屋面和两侧屋面挂被保温，即由内而外：1层化纤毯、1层塑料、2～3层厚化纤棉被、1层塑料、1层化纤毯（最外面一层化纤毯的外面喷防水涂料）。

此温室在辽宁已生产多年，省工、经济还环保。按棚高4米、宽9米、长100米计算，建设费用为8万元左右。

（3）背连式温室 背连式温室也称背棚，即在单栋拱圆式温室的背面，利用其后墙连体建造一个无后屋面的半拱圆式温室，此结构温室是辽宁省熊岳地区的果农在生产实践中创造的，现已在生产中普遍应用。

这种温室前棚高、后棚矮，前后棚共用一个墙体，后棚跨度为前棚（南面棚）的3/4或4/5，覆盖的时间为前后棚相同，但揭苫时间是前棚早、后棚晚。前棚揭苫时间一般熊岳地区是在大寒至小寒期间，后棚是在立春至雨水期间，后棚果实成熟期虽比前棚晚1个多月，但比露地早1个月左右，生产效益良好。

此结构温室，前后棚共用一个墙体，既节省建筑用料，充分利用了温室后面的空闲地，后棚又为前棚保温。加之后棚揭苫升温晚，外界温度较高，还可以利用前棚上一年用过的旧膜和旧帘，也降低了生产成本。由于这种新型温室具有上述优点，所以近年来已在生产中逐步扩大应用，很值得推广。

（四）大棚设计与建造

1. 大棚设计 大棚的设计包括方位、长度、跨度（宽度）、高度等。

（1）方位 南北向延长建造。南北向光照分布均匀，树体受光好，还有利于提高保温和抗风能力。东西向建造的生产上也有，多数是因地块限制，东西向大棚的棚内南北两侧光照差异大，棚内有弱光带，因此最好是选南北走向。

（2）跨度 竹木结构和钢管构件的塑料大棚宽度，一般为8～20米。

（3）长度 长度一般为50～100米。

（4）高度 单栋大棚的高度，以2.5～4米为宜，连栋钢架大棚高度可达3.5～4.5米。大棚的肩高为1.3～1.5米，肩部过矮不利于边行果树生长及管理，过高会降低大棚的矢高与跨度比值。

（5）通风 塑料大棚多采用2道扒缝通风，即两侧边缝，边缝在两侧肩部离地面1～1.5米高。连栋自动化管理的塑料大棚应安装自动或半自动通风装置。

2. 大棚建造 生产中常见的大棚类型有单栋和连栋两种，连栋大棚有二连栋和多连栋，多连栋除了钢架建造外还可以采用复合材料建造。

（1）钢架结构单栋大棚（外保温） 跨度15～20米，矢高4～

4.5 米，拱架与拉筋的建造与温室相同。在棚内棚脊处设 2 排或 1 排立柱，柱间距 3～4.5 米，有保温覆盖的大棚，在棚脊处覆盖木板或水泥预制板作走台，棚脊处还可安装卷帘机（图 5–5）。

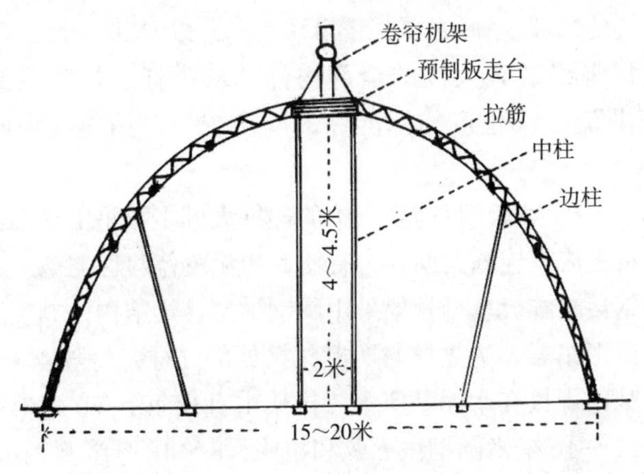

图 5–5　钢架结构大棚

（2）**钢架结构组装式单栋大棚（内保温）** 此种大棚拱架和保温材料采用工厂化生产，是由辽宁省农业职业技术学院研制的第二代内保温设施。跨度 11 米，脊高 3.8 米，长 60 米。拱圆形屋面，不设硬式墙体，大棚骨架用“V”形镀锌槽钢，7 道拉筋用 4 分镀锌钢管，采用部件组装。所有部件全部由工业流水线生产，标准化程度高。

骨架槽钢拱杆间距 1 米，两端与地面交接处先埋入地脚。地脚用混凝土（水泥砂浆和碎石）浇注成梯形，顶端 20 厘米 × 20 厘米，底端 30 厘米 × 30 厘米，高 30 厘米。从顶端的中部到底端有一垂直孔洞，顶端 5 厘米深留出缺口，以便装入槽钢拱杆。地脚需提前浇筑，埋入温室两侧拱杆基部，上端较地面略高。安装拱杆时，两端装入地脚上口，用 50 厘米 Φ10 钢筋，从拱杆的槽中穿透地锚插入地中。

拱杆两端装入地脚后，用4分镀锌管作拉筋，固定拱杆。在拱杆下面按3米间距，用一寸镀锌钢管作为支撑保温被的拱杆，两端插入土中，保温被与屋面薄膜有20厘米的间距。

屋面铺塑料薄膜后，压膜线压在拱杆的槽中，基部用Φ8铁线栓2块砖，埋30厘米深，露出铁线套，以便绑压膜线。

内保温组装式大棚的全部构件，从拱杆、拉筋到螺丝都是由工业流水线生产的标准件，规格统一，用户按说明书安装即可。

（3）**连栋大棚** 目前生产中的连栋大棚多数是由钢架结构或复合材料建成，连栋大棚分为有覆盖和无覆盖两种类型。

①钢架连栋大棚 骨架采用圆钢拱型悬梁结构，棚顶用圆钢焊接成拱形吊梁，边立柱与两棚相接处的立柱，每隔4～5米设一根，基部焊接在水泥基座上。拱架由直径40～60毫米钢管做上弦，12～16毫米圆钢做下弦和拉筋，8～10毫米圆钢做拉花，用水泥预制支柱和天沟板，每排拱架插于天沟板预埋的铁环里。

②复合材料连栋大棚 骨架一般由工厂化生产，在田间组装而成（图5-6）。

图5-6 复合材料连栋大棚

（五）温室和大棚覆盖物及附属设施

1. 覆盖物　覆盖物包括塑料薄膜、草帘、保温被（防寒被）、纸被等。

（1）塑料薄膜　塑料薄膜是直接覆盖在温室和大棚骨架上的透光保温材料，生产中常用的塑料薄膜有聚乙烯长寿无滴膜、聚氯乙烯无滴防雾膜和聚烯烃膜（PO）三种。用于温室和大棚樱桃生产的薄膜厚度为0.1～0.12毫米。聚乙烯和聚烯烃膜抗风能力强，适用于冬、春季风较大的地区。聚乙烯膜比重小，同样重量的聚乙烯膜比聚氯乙烯膜的覆盖面积多20%～30%，使用聚乙烯膜可降低生产成本，但其透光率、保温性能不如聚氯乙烯膜，其透光率衰减速度较慢。聚氯乙烯无滴防雾膜抗风能力弱，适用于冬、春季风较小的地区。该膜的透光率和保温性能好，不产生水滴和雾气。不足之处是透光率衰减速度较快，在高温条件下，膜面易松弛，大风天易破损。聚烯烃（PO）膜是近几年开始应用的，其透光率和防雾、防水滴性能较好，抗风、抗灰尘性能也比较好，不易老化，虽然售价较高，但生产中已开始逐步扩大使用面积。无论哪种薄膜，其覆盖樱桃温室或大棚生产1年后都需换新膜，因使用1年后其透光率、防雾等性能都有不同程度的下降，会延迟樱桃的成熟期。

（2）外保温材料　目前生产中常用的有草帘和棉被。

草帘是覆盖在塑料薄膜上的不透光保温材料，草帘多为机械编制，取材方便，价格比较低。幅宽1.2～1.5米，长度随需要而定，厚度为5～8厘米。草帘使用寿命一般为2～3年。

保温被也称防寒被，是覆盖在塑料膜上的不透光保温材料，是取代草帘的换代产品，常用的有两种：一种是由化纤绒制成，被里由3～5层化纤毯或膨胶棉絮制成，内夹1～2层薄膜防水，被面由防水的尼龙编织篷布缝制；另一种是用防雨绸布中间夹5～8厘米厚的喷胶棉制成，幅宽多在1.7～2米。这两种被体积轻，保温效果好，虽然造价高，但使用年限长。

内保温材料主要是内保温被。内保温被由保温膜与泡膜复合而成，利用高分子感光复合材料，组合成腔囊（空心）保温被，三层材料复合（反光层＋隔热层＋反光层），材料全面紧密复合，便于电动机械系统操作。该保温材料重量轻，操作轻便，减轻了温室和大棚骨架的负荷。

2. 附属设施及材料的配备

（1）卷帘机 目前生产上普遍应用电动卷帘机，有卷杠式、单臂式和爬坡式。①卷杠式即在温室的后屋面上每 3 米设一角钢支架或钢管支架，在支架顶部安装轴承，穿入直径 50～60 毫米的一道钢管作卷管。在棚中央设一方形支架，支架上安装一台电动机和一台减速器，配置电闸和开关，卷放草帘时扳动倒顺开关即可卷放。卷放时间为 8～10 分钟，为加快放帘速度，还可安装闸把盘。大棚卷帘可将卷帘绳一正一反拴在卷杆上，将两侧草帘同时卷放。②单臂式卷帘机不需要在后屋面上安装卷杠，卷杆安装在温室前地面正中央。单臂自行式卷帘机包括卷帘用的驱动杠，驱动杠通过减速器与传动轴一端连接，传动轴另一端与驱动装置连接，整个驱动装置坐落在一个带行走轮的传动箱内。具有结构简单，使用可靠，使用寿命长的特点。③爬坡式卷帘机与单臂式大致相同，不同的是取消了单臂着地支撑。

（2）卷帘机遥控设备 遥控设备主要是遥控器，是无线设备，在 100 米内任何一个地方均可控制卷帘机的制动装置，一般每台遥控器控制一台卷帘机。

（3）输电线路 建造保护地设施时必须安全配置输电线路，以便用来卷放草帘、灌溉和照明设备等。

（4）灌溉设施 冬季灌溉用水，必须是深井水，保持 8℃以上的水温。水井在室外的，要设地下管道引入保护地内，管道需埋在冻土层下。

（5）作业房 作业房是管理人员休息或放置工具等场所，建

筑面积一般为 8～20 米 ^{2}，一般建在温室的东、西山墙处。大棚一般不建作业室，只在大棚的出入口或门口处留出一定空间，供人员休息和放置工具。

（6）温湿度监控设备　观测温度的常用设备有水银温度计和酒精温度计，观测湿度的设备有干湿球温度计，目前较先进的是电子温湿度计，与温度自动控制设备配套进行工作。

（7）卷帘绳和固膜绳　卷帘绳和固膜绳多为尼龙绳，常用的卷帘绳的粗度为直径 8 毫米。人工卷帘的温室和大棚，每块草帘需用一根绳，卷杠式卷帘机的每 3 延长米左右一根。固膜绳的粗度为直径 6 毫米，每骨架空间一根。

（六）覆盖材料的连接与覆盖方法

1. 塑料薄膜的剪裁和烙接　先将薄膜按温室或大棚的长度裁剪，可略长于温室，聚乙烯和聚烯烃薄膜用电熨斗粘合，聚氯乙烯薄膜还可用环已酮胶粘合。聚乙烯薄膜幅宽一般为 9～12 米，符合棚面宽窄的可不用粘合，裁后可直接覆盖。聚氯乙烯薄膜幅宽一般为 3～9 米，按照温室或大棚的跨度决定裁剪的块数，但每块长度须相同。8～9 米跨度的温室需裁成 3 块，如果棚面不留通风缝的可将 3 块薄膜烙接在一起，留通风缝的可根据通风口位置剪裁，在风口的两个边各放一根尼龙绳（风口绳）烙合或粘合。目前，棚膜的剪裁和焊接已由生产厂家或销售商根据用户的需要直接定做。

2. 塑料薄膜和保温被（草帘）覆盖方法　覆盖薄膜时，要选择无风暖和的天气。覆盖方法，以日光温室为例，先将压膜绳拴于后屋面（大棚正脊处），再把膜沿温室走向放在前底脚后，用压膜绳将膜拉到后屋面上，从上往下放膜，使膜覆盖整个棚面，再将膜的一端固定在一侧山墙上，然后集中人力在另一侧山墙上抻紧。抻平薄膜后，将山墙和后屋面上的薄膜同时固定好，同时拴紧压膜绳。

覆盖薄膜后立即覆盖保温被（草帘）。覆盖保温被（草帘）的方法有两种：一种是从中间分别向两侧覆盖，另一种是从一侧开始覆盖，覆盖后需将保温被（草帘）用尼龙绳连接成一个整体。覆盖后将底脚被（草帘）的底边固定在卷杆上，使之成为一体。

第六章

苗木栽植与管理

一、幼苗栽植与管理

栽植苗木之前的工作包括苗木准备和处理、平整土地与挖栽植沟，以及准备有机肥。

（一）确定株行距和整地

株行距应根据不同设施结构、不同的树形结构、苗木品种与砧木的特点、土壤肥力而定。

采用乔化砧木的大樱桃适宜株行距为 2.5 米 × 4 米或 3 米 × 4 米，采用半矮化或矮化砧木的适宜株行距为 2 米 × 3.5 米或 3 米 × 4 米。生长势强的品种要加大株行距，生长势较弱、短枝性状的品种和采用限根栽培方法的应适当减小株行距。土壤肥力强的适当稀植，土壤肥力差的沙土地适当密植。

根据设计好的行向及株行距等平整地面。地面不平时，灌水易形成“跑马水”，也会因地面高低不平而造成局部积水或干旱。地面整平后拉出行线挖栽植沟，不提倡挖栽植穴。这样，有利于增加有机肥的施用量，有利于增强土壤的透气性，也有利于雨季排涝。

栽植沟宜深 60～80 厘米、宽 150～200 厘米。挖沟时，把上面 30 厘米深的表土放在一边，下面 40～50 厘米死土层的土放在另一边。沟挖好后，先在沟底填上 20～30 厘米厚的碎秸秆、杂草或炉渣等物，上面填上 20 厘米厚死土层的土，然后把肥料与表土混匀后填满沟，并凸起 10～15 厘米。多余的死土层的土覆盖在最上面或用来垒畦埂。此时施入的肥料为基（底）肥，要以腐熟的农家肥等有机肥料为主，按每株 50～100 千克的施肥量施入。有机肥质量差时可加入适量的复合肥或磷肥，若已知土壤缺少某种元素时，此时也一并添加施入。要注意的是，粪与土要混拌均匀，否则会因肥料分布不均匀而造成植株生长不良或死亡。沟填好后要灌一次透水，使沟内土塌实后再栽植，苗木就不会下陷（图 6–1）。

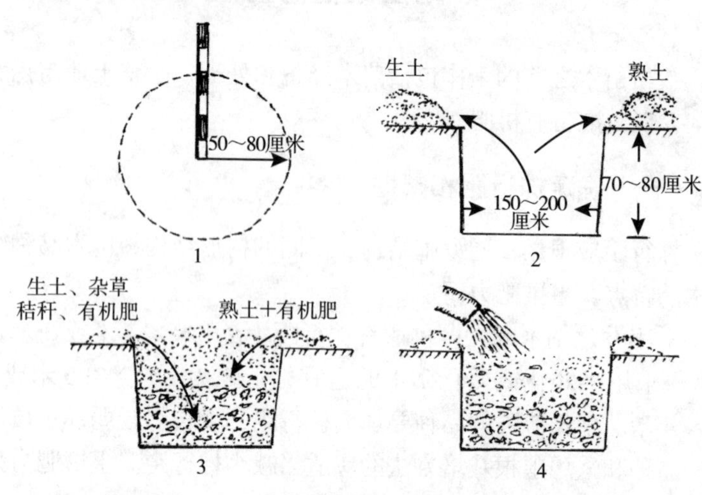

图 6–1　挖栽植沟

1. 确定栽植穴　2. 分别堆放沟土　3. 回填　4. 放水沉实

台田式栽植，在挖栽植沟时可适当浅些，将行间的土撬在树行上即成台田。

（二）栽　植

1. 栽植时期　大樱桃在落叶后至春季发芽前均可栽植。露地能安全越冬的地区可在晚秋至初冬栽植，栽植后的苗木一定要将根茎进行埋土防寒，并及时浇防冻水，防止冬旱。秋冬季栽植有利于伤根的愈合，地温升高后，根系可提早恢复活动，分生新根，吸收水分和营养，促使苗木较早发芽。春季栽植一般多在萌芽前，即土壤解冻后。春季栽植的苗木，根系需要一定的时间来愈合伤口，然后才能分生新根，虽然苗木发芽稍晚，但由于避开了冬季的各种自然灾害，所以成活率也较高。

2. 苗木处理与栽植　栽植前 1 天，将苗木从苗圃或贮藏沟内取出，将苗木分品种捆扎好，挂上标签。随后把根系放在水中浸泡 12 小时左右，使其吸足水分，并用防根癌病的药剂处理根系，也可将根系蘸泥浆后栽植，以提高栽植成活率。栽植面积较大时还要把壮苗与弱苗分开栽植，这样便于栽植后分别管理。

栽植沟内的水渗下后能够作业时即可开始栽植，以打好的点为中心挖栽植穴（栽植穴的大小可根据苗木根系大小而定）。用手提住苗木主干立在穴正中间，填土至根颈部，用手向上轻轻提苗，使苗根系舒展，然后用脚踏实，上面再覆土至坑平，栽好后的苗木嫁接部位应与地面平齐或离地面 5～10 厘米（图 6–2）。

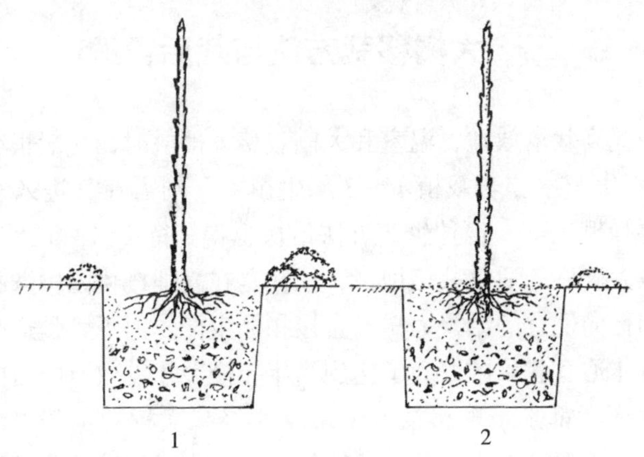

图 6–2　定植方法

1. 舒展根系　2. 嫁接与地面相平

3. 授粉品种的配置 一个棚室内授粉品种应起码有 2～3 个，栽植株数应占主栽品种的 20%～30%。栽植方式一般采用分散式或中心式。无论怎样栽植，都要确保授粉品种与主栽品种相距 5～10 米。这项工作要在定植前设计好，避免无计划栽植，造成授粉品种分布不均匀。

4. 栽植后的管理 苗木定植后立即灌 1 次定根水，使苗木根系与土壤充分结合，当定根水渗下后，要及时松土保墒。刚定植的苗木，需要尽快地提高地温，促进根系生长。所以，既要保持适宜的墒情，还要尽可能地减少浇水次数，增加中耕松土次数。中耕松土后要及时覆盖地膜保墒和提高土壤温度。地膜覆盖必须在中耕后进行，若在浇水后立即覆膜，这时土壤水分处于饱和状态，覆膜后水分散发很慢，且使膜下形成高温高湿环境，土壤透气性差，苗木常因烂根而死亡。覆盖的地膜进入 6 月份时及时揭去，改为覆草。

苗木栽后要及时定干，并套防虫的网袋以防金龟子和象甲等害虫危害。苗木萌芽后的整个生长期间，要随时整形修剪，及时防治病虫害。经 2～3 年的培养，苗木就可进入保护地生产。

二、大树移栽方法与栽后管理

为提高栽培效益，温室和大棚栽培大樱桃时，一般很少栽植 1～3 年生苗木。若栽植 1～3 年生苗木，则需在其进入结果期以后再扣棚生产，这种生产方法最快也得等待 2～3 年以后。目前，在大樱桃的适宜栽培地区，往往是在露地樱桃园中选择适宜品种和行向适宜的结果大树，直接扣棚生产。但不管是适宜栽培区还是非适宜栽培区，为了达到当年扣棚翌年见效益的目的，大多数生产者都是采取移植 5～10 年生结果大树的生产方法，这是目前从事保护地生产的一条有效捷径，也是保护地大樱桃的成熟生产技术。

（一）树体选择原则与栽前准备

1. 树体选择原则　树体选择的原则一是树龄，乔化砧的必须是5年生以上，但不要超过10年生，矮化砧的3～5年生最好；二是主、侧枝分布均匀，竞争枝和徒长枝少，短果枝和花束状结果枝多，树势健壮；三是枝干无癌肿病，根茎处无根瘤，且无冻害、流胶病、皱叶病毒病，以及桑白蚧等主要病虫害。

2. 移栽前准备　移栽前要先将栽植沟挖好，栽植沟深60～80厘米、宽150～200厘米，施入适量有机肥，回填后放水沉实。地表稍干时挖好栽植穴，栽植穴深40～50厘米，长、宽各100～150厘米。株行距依树冠大小和温室宽窄而定，可采用2.5米×3.5米或3米×4米或4米×4米的方式。

秋季移栽大树的时间是在霜冻后，移栽前摘掉树上没脱落的叶片。春季移栽大树的时间是在树体发芽前。

（二）移栽方法与栽后管理

1. 起树与运输　起树时要从树冠外围垂直投影下的树盘外围向内挖土，把土往外捣，外侧浅内侧深，外侧大约深30厘米，内侧深50厘米，挖土时不要碰伤主根系，更不要切断主根系，尽可能多保留须根系。挖至距离坑中心20厘米左右时轻轻试推主干，没有粗根系与土相连时，将树推倒。树体推到后立即用塑料膜将根系包严，即可运输。如果是远途运输，当日又不能栽植的，应将根系涂泥浆或放些湿草后再用塑料包严（图6–3）。运输车的护栏要用草帘或其他包装物裹严，并将树体固定好，保证途中不发生摇晃，以免在运输途中枝干被擦伤。

2. 栽植　樱桃树运到栽植地后要立即栽植。将树抬到栽植坑旁边，先除去塑料膜，再将树抬入栽植穴中央，将根系舒展开，边埋土边轻轻摇晃主干边踏实土壤，使土与根系间无缝隙。

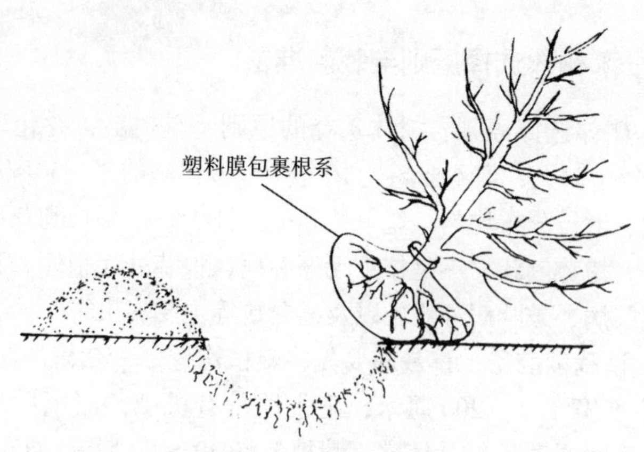

图 6-3 塑料膜包根

3. 移栽当年的管理技术 移栽当年主要是保苗木成活和促进花芽分化。栽后要立即灌 1 次透水。

春季移栽的，待地表稍干时进行松土，松土深度 5～8 厘米，松土后立即覆盖地膜保湿、增温。栽后的浇水次数，要以叶芽萌发后树叶不萎蔫为标准，通常情况下，栽后至雨季前需浇水 5～8 次。苗木成活后的 6 月中下旬除去地膜。

适栽区域以北地区，于秋季移栽的，应将树移栽在有覆盖的保护地内，栽后浇 1 次透水。当气温低于 -5℃时，及时覆盖保温材料，保持室温在 5～9℃，保证树体不受冷、不受冻害。

为使树体尽快得到恢复，除了要勤浇水外，还可冲施生物菌肥或生根剂，或喷布 2～3 次植物动力（2003）800 倍液或壳聚糖类有机营养液。如果花后叶片再发生萎蔫，可在叶片发生萎蔫前往树体及叶片上喷清水，也可在阳光强烈时短时间覆盖遮阳网遮阴。

树体移栽当年的花期，于花芽现蕾时及时疏除大量花蕾，以免开花结果过多影响树体恢复和花芽分化。当年留果量也不宜过多，每株最多留果 1～2.5 千克，以恢复树势为主。

移栽当年的5月中下旬和7月上中旬要进行土壤施肥，每株施入复合肥1千克左右，此外还应注意叶面交替喷施3～4次600～800倍液氨基酸和壳聚糖类的有机营养液，促进树体生长和花芽分化。8月中下旬至9月初追一次有机肥＋过磷酸钙肥。

4. 移栽后第二年的管理技术　移栽后第二年树势已恢复，易发生过旺生长现象，注意灌水不要过勤过多，适当控制水分和氮肥。除正常管理外，花后半月至果实采收后一个月之间，叶面交替喷施5～6次300～400倍液氨基酸类叶面肥和300倍液磷酸二氢钾，控制树体旺长，促进花芽分化。生长期摘除延长枝顶端旺长的嫩梢和主枝背上直立的徒长梢。

第七章
田间综合管理

一、覆盖与升温

（一）覆盖时间与管理

在大樱桃保护地栽培中，覆盖的目的：一是保护树体不受冻害，二是使树体提早进入休眠。覆盖一般在大樱桃树体进入休眠期时进行，也就是在外界气温首次出现0℃（初霜冻）低温时覆盖，不需要等到树体落叶后再覆盖。霜冻的第二天往往都是晴朗无风的好天气，最适合温室的覆盖作业，覆盖后棚内温度保持在0～7.2℃范围，最佳温度是5～8℃，这样有利于需冷量的满足和安全渡过休眠期，也有利于保持较高的地温。

以促早熟为目的的大棚或温室覆盖后，整个休眠期间温度若高于8℃，可在晚间温度低时揭帘通风降温，白天放帘保温；若温度过低，可在白天适当卷帘升温至8℃，这样有利于升温后地温的提高。此期需45～50天，保证低温量在1 200小时左右。

人工制冷强制休眠的温室，覆盖时间依据果实上市时间来定。计划春节期间果实上市的，覆盖的时间一般为8月末至9月上旬，此期树体基本完成当年的生长发育，但最早不可以早于8月20日。计划采取人工制冷强制休眠春节上市的，最好

选择在上一年已进行提早生产的温室中进行，因其花芽饱满程度高。

塑料大棚的覆盖时间因地区和生产目的不同而不同。有覆盖物又想提早上市的和露地不能安全越冬地区的大棚，在霜冻后覆盖。能安全越冬又不计划提早上市的，可在升温前覆盖。

促晚熟的温室，其覆盖时间在土壤结冻之前，覆盖后保持室内温度在 -5～0℃，温度高时于清晨或傍晚揭帘降温，春季来临棚室内温度升高至 0℃，可加盖覆盖物，或采取放置冰块等措施保持温度不高于 5℃。

（二）升温时间的确定与管理

升温即是将覆盖物进行昼揭夜放管理，白天早晨外界温度较高时，将覆盖物揭开，使棚室内温度升高，使大樱桃树体接受阳光；傍晚温度较低时将覆盖物放下，保持棚室内温度。

升温时间依据大樱桃休眠期的低温需求量（简称需冷量）、保护地栽培的设施类型及栽培目的来确定。

1. 根据需冷量确定　大樱桃落叶后即进入休眠，只有经过一定的低温阶段后（0～7.2℃）才能解除休眠，进入萌芽期。据历史资料记载，大樱桃需冷量为 733～1 440 小时，品种不同，所需的低温时间也不尽相同。据辽宁省果树科学研究所（2000）研究表明，红灯、红艳、红蜜、巨红的需冷量为 850 小时，佳红为 950 小时，拉宾斯为 1 040 小时。促早熟栽培大樱桃的升温时间，必须以棚内所栽品种最高的需冷量来确定，以保证花期相遇、开花整齐。如果需冷量不足，会出现萌芽开花不整齐、花期拉长或先叶后花、坐果率低等现象，需冷量需达到 1 200 小时左右揭帘升温较为安全可靠。

近几年，栽培者为了提早升温，普遍应用破眠剂来打破休眠，取得明显效果，但喷施破眠剂也必须是在树体通过了 30～40 天的自然休眠期的基础之上，而且在升温前的 1 周内喷施效果最好。破眠剂的主要成分是50%单氰胺，单氰胺是一种植物休眠终止剂，它可有效地抑制植物体内过氧化氢酶的活性，加速植物体内氧化磷酸戊糖循环，从而加速植物体内基础性物质的生成，刺激植物生长，终止休眠。在樱桃上应用后可使树体提前5～7天萌芽，还可缩短花期，使果实成熟期提早5～10天。但在使用时要注意产品说明书，喷雾时一是要做到细雾轻喷，润湿状为好，也就是药液雾滴越细越好，不可以喷成滴水状，不可以漏喷，更不可以重复喷。漏喷会出现花果同枝或花果同树现象，重复喷会发生烧枝或烧芽现象。

2. 根据设施类型确定 温室栽培大樱桃，因其有较好的保温性能，主要是促早熟和促晚熟栽培。促早熟栽培的，需要及早适时覆盖，尽快满足低温需求量，升温越早越好。促晚熟栽培的，要尽可能晚覆盖，覆盖后需要保持较长时期的适宜的较低温度，升温越晚越好，出现萌芽后再升温。

大棚栽培大樱桃时，由于其保温性能较差，升温时间不宜过早，有保温覆盖的应在外界旬平均气温不低于－12℃时升温，无保温覆盖的应在旬平均气温不低于－8℃时升温。如果升温过早，在开花期和幼果期可能遭受寒流的影响，使棚内温度下降较大，导致冻害发生。

另外，当棚室较多时，为减轻采果、销售、运输压力，可分期升温，使果实成熟期错开。

二、温光气调控

利用温室和大棚栽培大樱桃时，因其环境条件与露地不同，所以它不仅受自然条件的限制，也受人为因素的影响，最大限度地创造出一个适宜大樱桃生长的环境至关重要。其中，温度、湿度、光照是众多因素中最为重要的部分，直接影响着大樱桃树体的生长发育，也是关系到保护地大樱桃栽培成败的关键。

（一）温湿度调控

适宜的温湿度是保护地管理中最关键的环节，必须使棚室内的温湿度保持在大樱桃生长发育所需的最适范围内。根据辽宁省果树科学研究所试验结果及各地生产经验，适宜的温湿度及地温调控指标如下（表 7-1）。

表 7-1　大樱桃各生育期适宜的温湿度及地温指标

温湿度	休眠期	萌芽期	开花期	幼果期	膨大期	采收期
温度（℃）	5～8	5～18	8～18	12～22	14～24	14～25
湿度（%）	70～80	70～80	50～60	50～60	50～60	50～60
地温（℃）	8～10	8～18	14～20	16～20	16～20	16～20

1. 温度　萌芽期温度控制不可过高或过低，因为从这时至开花为萌芽期，也称孕花期。大樱桃花芽在这段时间里还在进一步分化，棚内温度过高、过低都会影响大樱桃花芽分化的质量，最终影响树体的坐果和产量。姚宜轩等研究表明，露地大樱桃的花芽在越冬前仅形成了小孢子母细胞，直到结束休眠的 3 月份（莱阳地区），小孢子母细胞才开始进行减数分裂，形成四分体，3 月底形成单核花粉粒，4 月上旬花粉粒才发育成熟。此期间大樱桃正处于芽体膨大期。据我们多年观察，当萌芽期气温长时间在 23～25℃时，开花期有部分花粉败育；气温在 25～30℃时，绝大部分花粉败育。若萌芽期温度控制在 25～28℃，则升温后 20 天可见初花，25 天进入盛花期，但结果却是花瓣瘦小、花粉极少，极大地影响大樱桃的坐果率。因此，升温后的温度应缓慢提高，从开始升温至初花期间必须保证有 28～30 天的时间，否则，树体即使是开花了，坐果率也是极低的。

开花期的温度调控要求更为严格，温度过高、过低均不利于花朵的授粉受精。白天温度应保持在 12～18℃，最高不超过

20℃，夜间温度不低于8℃，最低温不可以长时间低于0℃。大樱桃花器耐寒力较差，温度低会影响花粉管的生长，使受精受阻，影响其坐果。

幼果期温度可提高至22℃，有利于果实迅速膨大。果实膨大至成熟期也是樱桃花芽分化初期，白天气温宜控制在18～25℃，利于花芽分化；夜间宜在12～15℃，保持昼夜10℃左右的温差，有利于果实着色和糖分的积累。幼果至着色期间的温度控制过低，不仅会延迟果实成熟期，影响果实品质，还会影响花芽分化。但温度过高，虽可使果实生长期缩短，加速果实成熟，但会影响果个大小，使果实着色不良，降低果实的商品价值。

在大棚和温室生产中，从萌芽至采收期间，常会遇到不良气候影响棚内温度，因为此事不可避免，所以必须通过以下措施调节。

（1）增温措施 对于保温性能差的温室，应加盖化纤毯或棉被。当气温骤降，棚内温度过低，或连续阴雪天白天不能卷帘时，还应增加临时供暖设施增温，如热风炉、暖气供暖等。但应避免使用明火供暖，尤其是花期更应杜绝，以防产生一些有毒有害气体，给人和树体带来危害。

掌握正确的卷放帘时间也是增加温度的必要方法。虽然早揭晚放可以延长棚内的光照时间，但是当外界气温过低时，揭帘过早或放帘过晚会影响棚内温度，应正确掌握揭放帘时间。一般揭帘后，棚内气温短时间会下降1～2℃后上升，这是比较合适的揭帘时间。若揭帘后棚内温度不下降而是升高，则揭帘过晚。放帘后温度短时间回升1～2℃后缓慢下降，为比较合适的放帘时间。若放帘后温度没有回升，而是下降，则放帘时间过晚。冬季，一般在正常天气情况下，日出后1小时揭帘，日落1小时前放帘较为合适；进入春季，可适当提前揭、延后放。在特殊寒冷天气或大风天气时，要适当晚揭早放。在天气暖和时，日出时

揭、日落时放。阴天时在不影响温度情况下尽量揭帘，散射光也有利于树体生长发育，杜绝阴天不揭帘。除以上措施外，经常清除棚膜上的灰尘，增加透光率也是有效的增温措施。

（2）降温措施 大棚和温室降温主要通过设置通风窗、通风缝和通风孔等来调节，生产中多采用屋面上部开缝的方法降温。通风降温时的通风量要根据季节、天气情况和大樱桃各生育阶段对温度要求而灵活掌握。通风降温时要在棚内温度达到最适气温时开始逐步通风。注意在开放通风口时要均匀一致，由小渐大，使温度平稳均匀变化，不能忽高忽低。不能等待温度升高至极限时，突然全部打开通风口，这样会造成温度骤降，使棚内不同部位温度产生极大变化。特别是在通风口附近，温度下降迅速，会使花、叶或果实受到伤害。安装温控仪时要常检查其工作情况，防止出现故障影响温度调控。

2. 湿度 湿度控制对大樱桃的生长关系很大。湿度过大或过小都会影响树体的生长和发育，如萌芽期要求棚内空气相对湿度较高，保持在70%～80%，不宜过低，否则萌芽和开花不整齐。开花以后棚内空气相对湿度要求在50%～60%，花期湿度过大或过小均不利于授粉受精，湿度过小时，花柱柱头干燥，不利于花粉管萌发；湿度过大时，花粉粒不易散粉，花柱头黏液过于稀薄对花粉的黏着力变小，且易引起花腐病。幼果期湿度过大时会引起病菌滋生，侵染叶片和幼果。果实着色期，湿度过大时会降低透光率，不利于着色，容易引起裂果。因此，棚内湿度的管理与温度管理同等重要，必须对湿度及时加以调节，使之达到大樱桃各生育阶段的标准指标。

棚内湿度的调节包括增湿和降湿，需要增加湿度的时期主要是在萌芽期，其增湿的方法也简单，只要向地面洒水即可解决。可在晴天上午9～10时向地面喷雾或洒水，水不要喷洒过多，以放帘前1～2小时全部蒸发完为宜。有条件的可用加湿器来增湿。降低湿度需要通过以下几个措施解决。

（1）**通风排湿**　这是生产中采用最多的排湿方法，揭帘后开启少量通风口，通风换气降湿。放帘后在不影响温度的前提下可留有少量通风口，还可以安装排风扇降湿。

（2）**地膜覆盖**　空气中的水分相当一部分是从地面土壤蒸发而来的，地面覆地膜可显著减少地面水分蒸发，降低棚内湿度。但是，如果地膜上存有滴水，应及时扎孔使水下渗。覆地膜虽能降低湿度，但是膜上有积水会增加空气湿度，且覆膜需增加投资成本，不如经常松土保持地面干燥，这才是最佳的降湿方法。

（3）**改变浇水方式**　采用挖坑浇水后覆土或膜下灌溉的方法也可降低棚内湿度。另外，灌水应选择晴天的上午，这样中午放风时加大通风量排除一部分湿气，可降低夜间空气湿度。

（4）**放置生石灰降温**　果实成熟初期在棚内放置生石灰或在树上吊挂生石灰，利用生石灰吸湿的特性，吸收棚内空气中湿气以降低棚内湿度。这个方法可使湿度降低10%～20%，能有效地减少裂果的发生。放置生石灰时用木箱或盆等容器盛装生石灰，每隔3～5米放置一处，树上吊挂生石灰时每树1～2袋即可，每667米^{2}用量为200～300千克。

另外，选用无滴防雾棚膜，覆膜时南北向要抻紧，避免有皱褶，这是湿度管理时必须要做到的。

（二）光照调控

大樱桃是喜光性强的果树，在保护地栽培条件下，受设施结构、方位、覆盖材料及管理技术的影响，若光照强度降低，则容易影响光合作用，表现出新梢细弱，节间延长，叶片薄软、绿色不浓等不良现象，致使树体发育不良，果品质量下降，甚至减产。

大棚和温室增加光照除了选择最优结构、合理方位及适宜的塑料薄膜外，促早熟栽培的，因开花和幼果期常遇连续的阴雪天气，需要采取增光、补光措施，以弥补光照不足；促晚熟栽培的，为了使果实延期成熟，则需要在萌芽至果实着色期间的晴天中午，每天放帘遮光 1～3 个小时。生产中通常采取以下技术措施来增加光照。

1. 延长光照时间　在不影响保温的前提下，草帘要尽可能早揭晚放，延长光照时间。

2. 铺设反光膜　于幼果期开始在树冠下面和后墙铺挂高聚酯铝膜，可以将射入温室树冠下和后墙上的光线反射到树冠中上部、内膛以及温室后部弱光区。此举能增加光照 25%～30%，使温室整体光照得到改善。

3. 清洁棚膜　利用棉布条或旧衣物等制作长把托布，经常清洁棚膜上的灰尘和杂物，增加棚膜的透光率，这是一项非常重要的增加光照的措施。一般每 2～3 天清洁 1 次（图 7–1）。

图 7–1　定期清洁棚膜

4. 整形修剪　及时疏除竞争枝、徒长枝以及过多的萌蘖，增强透光率。

5. 补光　在遇到连续 3 天以上阴雪天或多云天气无法揭帘时，应该进行补光。多采用日光灯、白炽灯、农用高压汞灯和碘

钨灯等。灯距树体顶部叶片60厘米以上为宜。每天以43.2瓦/(时·米^2)补光18小时，效果好。

（三）气体调控

温室和大棚栽培大樱桃，从萌芽至采收期间处于密闭状态，棚室内空气成分与露地不同，主要表现在两个方面：一是氧气和二氧化碳（CO_2）的浓度与露地空气中的含量不同，二是空气中存在肥料分解和塑料薄膜老化释放的有害气体等。气体影响不像光照和温度那样直观，往往被人们所忽视，所以有必要了解棚室内气体状况，以便适当调节。

1. 二氧化碳 二氧化碳是植物光合作用不可缺少的原料，植物叶片内的色素吸收太阳光能，将二氧化碳和水同化成有机物质。二氧化碳浓度的高低直接影响植物光合效率，进而影响大樱桃的产量。在一定范围内，二氧化碳的浓度越高，光合速率越高。但大棚和温室处于密闭状态，晴天时，在不开启通风装置时棚室内二氧化碳不能及时补充，造成二氧化碳浓度过低，不能满足光合作用的需要。

大棚和温室内二氧化碳浓度变化规律：从下午4时密闭后，随着植物光合作用的减弱和停止，二氧化碳浓度不断增加，晚上10时达到最高约1000微升/升，这个浓度一直保持到翌日清晨揭帘前。这段时间棚内的二氧化碳气体主要来自植物的呼吸和土壤中有机物的分解。揭帘后随着太阳照射，光合作用的加强，二氧化碳浓度急剧下降，至上午9时二氧化碳浓度已低于外界大气的二氧化碳浓度，特别是晴朗无风的条件下更为明显，通风之前出现最低值。

若果树长期处在二氧化碳浓度低的条件下，则会严重影响其光合作用。生产中通常采取人为补充二氧化碳气体的办法来解决。目前，补充二氧化碳的方法有以下几种。

（1）通风换气调节 晴天时揭帘后和放帘前，在不影响温度

的情况下，少量开启通风口进行气体交换，补充二氧化碳。

（2）增施有机肥　利用有机肥分解产生大量二氧化碳气体来增加二氧化碳浓度。

（3）人为补充　施用固体二氧化碳肥料或二氧化碳气肥。在大樱桃棚室内补充二氧化碳时，应在花后开始施用，一般揭帘后0.5～1小时即可施放，放帘时停止，阴天少施或不施，打开通风口通风量大时也可不施。施用二氧化碳后可适当提高棚内温度，以便充分发挥肥效。

2. 有害气体　有害气体包括氨（NH_3）、二氧化氮（NO_2）、一氧化碳（CO）、二氧化硫（SO_2）、乙烯和氯等。

（1）氨　主要来自未腐熟的畜禽粪、饼肥等的发酵。此外，撒施氮肥如碳酸氢铵、尿素等没有及时覆盖，都会引起氨气的积累而导致植物中毒。氨在空气中的含量达到5微升/升时，大樱桃的幼叶首先受到损害，开始出现水渍状斑点，严重时变色枯死。氨害症状多在施肥后1周内表现。

为了避免氨害的发生，必须施用经过充分腐熟的有机肥。施化肥要沟施，边施边及时覆土，以防氨气挥发。若有挥发发生，应及时通风排除氨气。

（2）二氧化氮　二氧化氮多由不合理施肥和施用过多氮类肥料造成。当土壤呈碱性或氮肥施用过多时，硝酸细菌的作用降低，多余的二氧化氮不能及时转变成硝酸，则在土壤中积累或释放至空气中使树体受害。二氧化氮的危害多发生在施肥后1个月左右。当二氧化氮浓度达到25微升/升时，叶绿体褪色出现白斑，浓度高时叶脉变成白色，甚至全株枯死。

（3）二氧化硫和一氧化碳　二氧化硫是在温室人为加温过程中，燃烧含硫量高的煤炭而产生的；施用未腐熟的粪便及饼肥，在其分解过程中，也会释放出较多的二氧化硫。当二氧化硫浓度达到5微升/升时，1～2小时后叶片的叶缘和叶脉间细胞就可致死，形成白色或褐色枯死。一氧化碳是由于煤炭或烧柴燃烧不完全产生的，不仅对树体，对管理人员的危害也很大。

为防止二氧化硫和一氧化碳的危害，加温时用的燃煤要选用优质无烟煤，彻底燃烧，烟道要严密。若发现有烟气或异味，要及时通风换气。

（4）乙烯和氯 乙烯和氯来自于有毒的塑料薄膜和有毒的塑料管。乙烯在空气中的浓度超过 0.05 微升 / 升时易造成危害，使叶片褪色，严重时引起死亡。氯的危害也较大，当氯浓度达到 0.1 毫克 / 千克时，就可破坏叶绿素，使叶片褪色、枯卷，甚至脱落。经常通风换气和采用安全无毒的塑料制品是防止有毒气体产生的有效方法。

此外，还有一些防治病虫害的烟雾剂也会发生烟害。熏烟的杀虫杀菌剂不可以在樱桃温室中应用，尤其是含有嘧霉胺成分的熏烟剂。这些有害气体都是人为造成，只要认真操作管理，这种特殊灾害就不难克服。

三、花果管理

花果好坏关系到果品产量和质量，其管理主要包括提高花蕾质量、辅助授粉、疏蕾疏花、除花瓣、增强果实着色、防止裂果及防治灰霉病等，重点是提高坐果率、防止裂果和促进花芽分化。

（一）萌芽开花期

1. 保证充足光照，防止高温，提高花蕾质量 萌芽期应尽可能使树体多接受阳光照射，这对提高花蕾发育质量和提高坐果率十分重要，是促进坐果和提高花蕾质量不可忽视的技术环节。若逢阴雪天气，在保证不降至最低温度的前提下，也要坚持揭帘，提高花器的发育质量。萌芽至花期更不要放帘降温，也不要用高温闷棚的方法提高地温或催芽，以免导致花器官发育不完全。

2. 疏花和疏果 疏花和疏果可以使树体合理负载，减少养分消耗，有利于果实发育和提高果实品质。疏花和疏果包括疏花芽、疏花蕾和疏果。

第一，花芽膨大期疏除短果枝和花束状果枝基部的瘦小花芽，每花束状果枝上保留3～4个饱满肥大的花芽（图7–2），现蕾期疏除花序中瘦小花蕾（图7–3）；开花期疏去柱头和双柱头的畸形花，每个花芽保留2～3朵花。

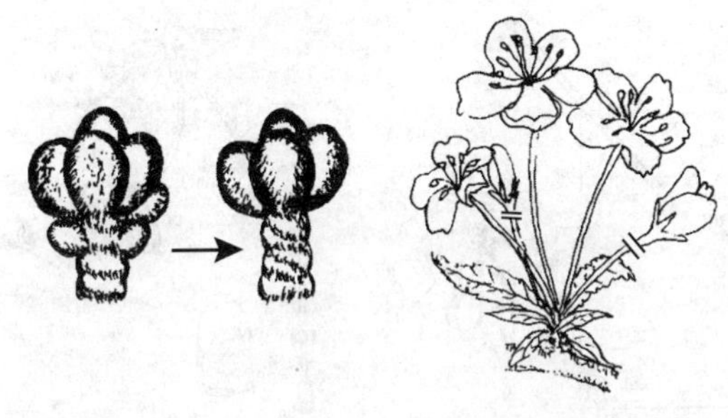

图7–2 疏花芽　　图7–3 疏花蕾

第二，盛花2～3周即生理落果后进行疏果，主要疏除畸形果和病虫果。

3. 辅助授粉　辅助授粉措施包括人工授粉和蜜蜂授粉。因温室和大棚的花期是在冬季，又在密闭条件下，无风无昆虫辅助授粉，所以需要人工或释放蜜蜂来辅助。

（1）蜜蜂辅助授粉　即在大樱桃初花时每棚室放1箱蜜蜂。在放蜂期间，若遇雪天或低温天气，蜜蜂不出巢采蜜，必须采取人工授粉的措施，保证授粉。

（2）人工辅助授粉　若遇低温天气蜜蜂不出巢时，则每1～2天进行1次人工点授花粉。

人工授粉的花粉来源是采集含苞待放的花朵进行人工制备。具体做法：将花药取下，薄薄地摊在光滑的纸上，置于无风干燥、20～22℃的室内阴干（图7–4）。经1～2昼夜花药散出花

粉后，装入授粉器中授粉（图 7–5）。采集花粉的时间：一是在自己棚里采，随采随用；二是在露地园采，采后阴干，阴干后装入有盖的小玻璃瓶中，放入干燥器皿中密封，或放入塑料袋中并加入干燥剂密封，贮藏在 –20～–30℃的低温条件下（冷库、冷冻箱）。授粉时从冷冻箱中取出花粉，在室温条件下放置 2～4 小时后再进行人工点授。

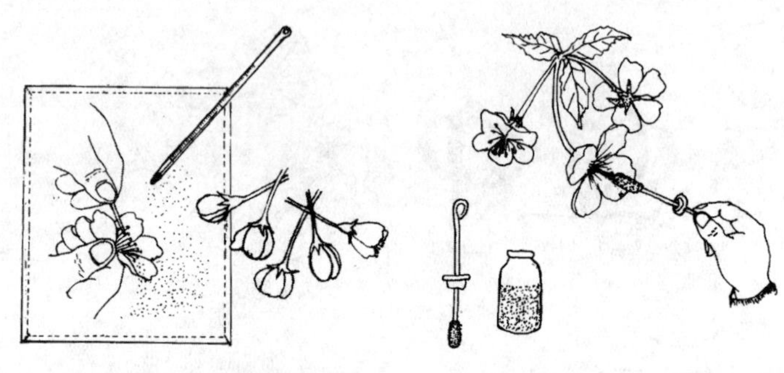

图 7–4 采集花粉　　图 7–5 人工授粉

授粉器的制作方法：取一小玻璃瓶，在瓶盖上插一根粗铁丝，在瓶盖里面的铁丝的顶端套上 2 厘米长的气门芯，并将其端部翻卷即成。人工点授以花开后 1～2 天内效果最好。

4. 除花瓣　温室和大棚大樱桃的花期空气湿度较露地大，又无空气流动，花瓣不易脱落或落在叶片和果实上，既影响叶片光合作用，又易引起叶片和果实的灰霉病发生，所以在落花期间，要在每天的下午棚内气候干燥时，时常轻晃枝条，震落花瓣，并人工拣除落在叶片和果实上的花瓣。

5. 提高坐果率的辅助措施

（1）花期喷施叶面肥　于初花期和末花期各喷布 1 次含有花粉蛋白素的营养液或氨基酸营养液，可显著提高坐果率。注意不要在阳光强烈和高温时喷施，应在下午或多云天气时喷施。

（2）除萌和摘心　于花期开始，经常摘除过多萌蘖和过旺新梢的嫩尖有助于提高坐果率。

提高棚室大樱桃坐果率的栽培措施重点是采后加强肥水管理和病虫害防治，促进花芽饱满和防止花芽老化。

（二）果实发育期

1. 防止落果和裂果

（1）保持土壤水分状况稳定　在果实发育期间严格进行水分管理，使土壤相对含水量保持在田间最大持水量的60%左右。尤其是幼果期的灌水，灌水时间不能早于硬核前，灌水量也不应过大，灌水原则是少灌勤灌，绝不能等到干透再灌。

（2）降低棚内空气湿度　果实着色期，由于枝梢在生长发育，叶面积增大，树体蒸腾水分增多，使棚内空气湿度增大，所以应经常适时开启通风装置，通风排湿。灌水时间应选择在晴天前的2～3天内，灌水方法采取挖沟或挖坑的方法，水渗后覆土盖严，保持地表干燥，或在膜下灌水。

2. 促进花芽分化措施　在正常的肥水管理中，不要忽视花后至采收期间的叶面补肥。一般于落花后10～15天开始至采果后1个月，每隔7～10天喷1次叶面肥，肥料以富含磷、钾、钙、氨基酸等主要养分为主，以促进花芽分化。

四、土肥水管理

保护地大樱桃栽培相对于露地，其栽培密度大，单位面积产出量大，对土肥水管理要求更严格。保护地栽培打破了露地大樱桃生长发育规律，根系发生、生长动态及对养分吸收、利用的规律发生了质的变化。若简单地把露地土肥水管理技术直接应用到棚内，必然具有一定的盲目性，并因其不适合保护地大樱桃生长的需要而影响其正常的生长发育，从而造成果实产量减少，品质下降。因此，为充分满足保护地大樱桃在每个发育时期对土肥水管理的需求，就要根据其在各个生长发育时期对营养和水分的需求规律进行合理管理。

（一）土壤管理

1. 松土 土壤管理的主要作业是松土，及时松土可以切断土壤的毛细管，减少土壤水分蒸发，保持适宜墒情，防止土壤板结。同时，还可抑制杂草滋生，减少土壤养分消耗，提高土壤的通气性。对结果树来说，萌芽至果实硬核期松土，还有提高坐果率和促进花芽分化的作用（图7–6）。

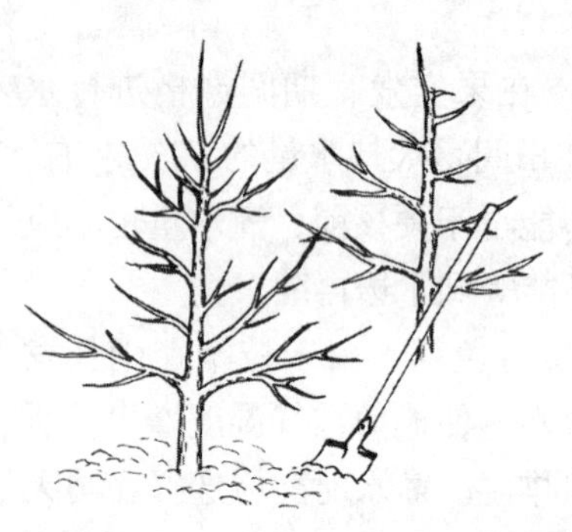

图 7–6 萌芽前翻树盘

松土作业的时间：一是在萌芽前，二是在每次灌水之后。由于大樱桃根系呼吸强度大，需要经常保持良好的通气条件，所以在树体萌芽前，必须进行一次翻树盘松土作业。其次是在每次灌水之后也必须松土，这应成为一项经常性的重要的土壤管理工作。树体萌芽前的翻树盘松土深度在 10～20 厘米，距主干处稍浅，至外缘处渐深。每次灌水和降雨后的松土深度一般以 5～10 厘米为宜，松土时要注意加高树盘土壤，防止雨季树盘积水造成涝害。

2. 覆地膜 温室和大棚栽培大樱桃时地面覆盖地膜，主要目的是提高棚室升温初期的土壤温度，以促进吸收根提早生成，提高萌芽整齐度。

覆盖地膜的时间应在松土后。否则，会因土壤含水分过多，土壤透气性降低，而影响根系生长发育。为了保证根系的正常呼吸和地膜下二氧化碳气体的排放，覆地膜时还要根据不同的使用目的而选用不同类型的地膜。无色透明地膜不仅能保持良好的土壤水分，还因其透光率高，具有良好的增温效果；黑色地膜对阳光的透射率在10%以下，反射率为5.5%，因而不仅有保湿作用还有杀死膜下杂草的作用，在草多地区多使用此种地膜。

棚室覆盖期间覆盖地膜虽有些好处，但无疑会增加投资成本、费工费力，还要注意花期以后要保持膜上没有积水。根据我们多年生产经验，不提倡覆盖地膜，只要休眠期温度不低于5℃，地温就不会太低。

3. 覆草　覆草可使土壤温湿度保持相对稳定。草及秸秆等腐烂分解后，产生的胡敏酸可使土粒结成团粒结构，增强土壤通透性和保水保肥能力；有机物的分解也增加了土壤有机质含量，提高了土壤的肥力。覆草能有效减少土壤水分蒸发，利于保墒，并能减少灌水次数，既省工又节约水资源。覆草可抑制杂草生长，这样不但能大大减轻除草的繁重劳动，而且可防止杂草与樱桃树争肥争水，起到较好的水土保持作用。

覆草时间一般以夏季为好，因为这个时期高温、多雨，有利于草的腐烂分解。在高温少雨年份，覆草还可以减少高温对表层根系的伤害，有保护根系的作用。

覆草的材料有麦秸、豆秸、玉米秸、稻草、野生杂草等多种。覆盖量一般为每667米^2 2000～2500千克。如果覆盖材料不足，要首先集中覆盖树盘。覆盖厚度多为15～20厘米。

覆草作业要注意以下问题：①把秸秆切成长5厘米左右的小段，撒上尿素或新鲜的人畜尿，将秸秆堆成垛，经初步腐熟后再覆盖。②覆盖前先浅翻土壤。③生长季喷农药时，要向覆盖物喷施，以消灭潜伏其中的害虫。④多年连续覆草后若出现叶片颜色变淡现象，则表明氮素不足，要及时喷一次0.3%～0.4%尿素溶液。每年覆盖的草，应在下一年萌芽前结合翻树盘将腐烂的草翻入土中。

4. 覆抑草布　也称园艺地布。土壤管理还包括除草，松土后可以在树盘上铺抑草布，抑制杂草滋生。

（二）施　肥

温室和大棚促早熟栽培大樱桃时，树体的生长发育提早在冬季至早春。由于棚内温度相对较低，光照条件较差，根系生长又较枝干萌动晚，致使树体当年的营养早期产生较少，加之高密度栽培需要较高的养分供应，所以增加树体贮藏营养和养分的及时供应，是提高果实产量和品质的前提条件。

1. 保护地大樱桃的需肥特点　重视树体贮藏营养的提高和生长期间养分的及时供应，必须先充分掌握大樱桃的需肥特点，适时对症施肥。

（1）对贮藏营养水平要求高　采用大棚和温室进行促早熟栽培，树体比露地提前生长2～3个月。一方面，贮藏在大樱桃树体内的养分转化时间较短，不能充分供应其生长的需要；另一方面，棚内温度相对较低，光照条件较差，新生叶片转色期加长，光合效能低，树体当年的营养早期产生较少，加大了对贮藏营养的依赖性。较高的贮藏营养水平不仅有利于大樱桃的正常生长，更有利于其花芽的进一步分化。因此，提高树体贮藏营养水平，是提高产量、改善品质的重要前提。要提高树体早期营养水平，必须进行早秋施基肥和萌芽期施肥的方法，还可以在萌芽至幼果期进行根外追肥补充。另外，要适当进行疏花疏果，保证贮藏养分合理利用，减少无谓消耗，并及时进行合理的生长季修剪，如摘心、除萌蘖等。改善树体的通风透光条件，控制枝叶旺长，促进叶片的光合作用，均为有效的措施。

（2）根系吸收功能差　保护地条件下先期地温相对较低、气温相对较高，往往地下根系活动晚于地上枝干萌动，所以易造成地下与地上生长不协调。因此，在管理上要从3个方面加以克服：①寒冷地区棚前沿的底角要挖防寒沟，加隔热层，提高和保持棚内的地温，增强根系活动能力。②覆盖后的休眠期间要保持土壤温度不低于7℃。③升温后要勤松土，提高地温，避免土壤板结。

（3）土壤易盐渍化　大樱桃保护地栽培，尤其是经过多年连续扣棚，会造成土壤中盐分积聚而引起土壤盐渍化，是生产中普遍存在的问题。盐渍化不仅降低了土壤的肥力，减弱了土壤的缓冲能力，而且土壤有益微生物的比例降低，这对大樱桃树的生长发育会产生许多不良影响，轻者造成大樱桃对矿质元素和水分吸收不平衡，导致生长发育不良；稍重则制约对钙、镁及微量元素的吸收，引起缺素症，坐果不良，叶片出现生理性病害，降低产量，导致品质下降；更重者新根发生受阻，整株黄萎以致枯死。因此，在生产中要注意克服土壤盐渍化问题。增施有机肥，提高土壤有机质含量，增加土壤的缓冲能力，是防止土壤盐渍化的基础措施，而且有机肥分解还可增加棚室内的二氧化碳浓度，一举多得。

合理施用各种化肥达到离子平衡，也是预防盐渍化的一种措施。化肥施用量应尽量减少，化肥种类上应选择硫酸钾型多元复合肥，不用带氯离子的化肥和单元素化肥。其他减轻土壤盐渍化的措施还包括：采取台田式栽培；使用多年的棚采取淡水洗盐或客土改造等措施，减少土壤盐分含量，以利于大樱桃正常生长发育。

（4）易发生各种缺素症　保护地栽培特别容易发生各种缺素症。缺素症对大樱桃正常生长发育会造成极为不利的影响，轻者生长不良，重者降低产量，影响果实品质。造成保护地大樱桃缺素症的原因可概括为以下几个方面：①贮藏营养不足，对缺素缓冲能力减弱，元素在树体内运输载体减少，移动性差；②根系活动能力差，对各种元素特别是微量元素吸收减少；③土壤盐渍化，降低各种元素的有效性。在生产上要采取有针对性的措施加以克服，在加大施用充分腐熟有机肥的基础上，可增加叶面喷施微量元素肥，做到平衡施肥，这是矫正生理缺素症的有效措施。

2. 施肥依据　大樱桃的施肥应以树龄、树势、土壤肥力和品种的需肥特性为依据，掌握好肥料种类、施肥数量、时期和方法，以及时适量地供应大樱桃生长发育所需的各种营养元素。

3 年生以下的幼树，树体处于扩冠期，营养生长旺盛，此期对氮、磷需求较多，应以氮为主，辅以适量磷、钾肥，以促进树冠及早形成，为结果打下坚实的基础。4～6年生为初果期树，此期除了树冠继续扩大、枝叶继续增加外，关键是树体完成了由营养生长到生殖生长的转化，促进花芽分化是施肥的重要任务。因此，此期应注意控氮、增磷、补钾。7年生以后进入盛果期，由于树体大量开花结果，生长势减弱，除供应树体生长所需营养外，更重要的是为果实生长提供充足营养，此期氮、磷、钾的供应要均衡。

年周期中，大樱桃具有生长发育迅速、需肥集中的特点。从萌芽至采收正是大樱桃需肥的高峰期。在这一时期，应根据树体生长情况及时补施冲施肥和叶面肥。

3. 施肥原则

第一，应重视增施有机肥，充分腐熟的农家肥和生物有机肥可以提高土壤有机质含量，增加土壤的缓冲能力，有利于形成稳定的团粒结构；有利于提高土壤肥力，且养分全面，可克服生理性缺素症；改善土壤结构，促进大樱桃根系的发生、生长和吸收，扩大根系的分布范围；增加棚内二氧化碳浓度，有利于大樱桃树体的光合作用；可以有效防止盐分积累，减轻盐渍化的危害。因此，应以有机肥为主，化肥为辅。

第二，抓住几个关键时期施肥。生命周期中抓早期，先促进扩冠生长，再促进花芽分化。年周期中抓萌芽期、果实发育期、采收后和休眠前四个时期。

第三，土壤追肥应注意平衡施肥，保护地内由于土壤易盐渍化，所以会诱发各种生理缺素症。在施肥上，一方面要注意化肥种类不能产生盐渍化，另一方面养分要全面，有利于克服缺素症。因此，提倡平衡施肥。在做不到测土施肥的情况下，以施多元复合肥、生物菌肥、生物有机肥、矿质营养肥等为最佳。

4. 施肥时期与施肥量　施肥时期分早秋、萌芽初、花期、花后和采果后几个时期，施肥量要根据土壤养分含量、树龄、载

果量等诸多因素来考虑，最科学的是做到测土配方施肥。

（1）**秋施基肥**　基肥是大樱桃树年生长周期中所施用的基础性肥料，对树体一年中的生长发育起决定性的作用。施用的最佳时期为初秋，各地气候不一，以霜前50～60天为宜。此时期，地上部各器官虽已基本停止生长或生长缓慢，但根系的生长仍未停止，加之在较高的地温条件下，一是断根容易愈合，并很快会发生更多吸收根，增强吸收能力；二是有机肥在微生物的作用下，可迅速腐解矿化，释放出速效性营养元素被根系吸收，在光合作用下转化成有机物，贮藏于树体枝干及根系中，提高了树体的贮藏营养水平。因此，此期是大樱桃有机营养的积累时期，为翌年大樱桃的萌芽、开花、结果提供了充足的营养，也保证了翌年树体生长的营养供给。

株施发酵的牛羊等有机肥，幼树50～100千克，盛果期树100～150千克加过磷酸钙1～1.5千克；或纯湿鸡粪，幼树20～30千克，盛果期树30～50千克加过磷酸钙0.5～1千克；或湿饼肥，结果幼树15千克，盛果期树30千克。

（2）**萌芽期追肥**　在这一时期进行适量追肥，能明显促进开花、坐果和枝叶生长。此期可以追施腐熟的饼肥、樱桃专用有机肥，或三元复合肥等速效性含多元素的化肥。施用氮、磷、钾（2∶1∶0.5）的配比混合肥料时，结果幼树0.5～1千克/株，盛果期树1～1.5千克/株。氮、磷、钾的配合比例，因土质、气候、品种、树势、树龄等不同，所采用的各元素配比也不尽相同，应根据本园地的具体情况，决定最佳氮、磷、钾施用配比。

（3）**花期追肥**　花期追肥对促进坐果和枝叶生长都有显著作用。此期一般以根外追肥为主，于初花至末花期喷施600倍液含有花粉蛋白素的有机营养剂，可显著提高坐果率，或喷800～1 000倍的硼砂液等也有提高坐果率的作用。

（4）**花后追肥**　此期正值幼果生长和花芽分化期，养分需求量大，容易造成养分竞争，及时补充速效性养分尤为重要。一定要在落花后对土壤追施速效性富含磷、钾和微量元素的水溶肥，一般以冲施肥为主，配合叶面喷施5～6次氨基酸类肥和磷酸二氢钾肥。每7～10天交替喷施1次，可促进花芽分化。

（5）采果后追肥 果实的生长发育和花芽分化对树体养分消耗较大，采果后树势需要恢复，花芽分化还在继续进行，仍应对土壤追施1次速效性复合肥料。结果幼树株施0.5～1千克，盛果期树株施1～1.5千克。结合防治病虫害还可叶面喷施氨基酸和壳聚糖类的有机肥，促进花芽饱满和防止叶片、花芽老化。

5. 施肥方法 土壤施肥的方法多采用条状沟施肥法、圆形沟施肥法和放射状沟施肥法。根外施肥方法主要是叶面喷布和树干涂抹。

（1）土壤施肥 秋施基肥时采用条状沟施肥法，即第一年在树盘外围的两侧各挖一条深30～40厘米、宽30厘米，长约树冠周长1/4的半圆形沟，第二年施树冠的另两侧，将有机肥和化肥与土拌匀后施入。萌芽至采果后土壤追肥时采用放射状沟施肥法，即从距树干50厘米处向外划6～8条放射状沟，沟深、宽10～15厘米，沟长至树冠垂直投影的外缘，施入速效性化肥或生物有机肥，施后覆土盖严（图7-7，图7-8），如果同时施入

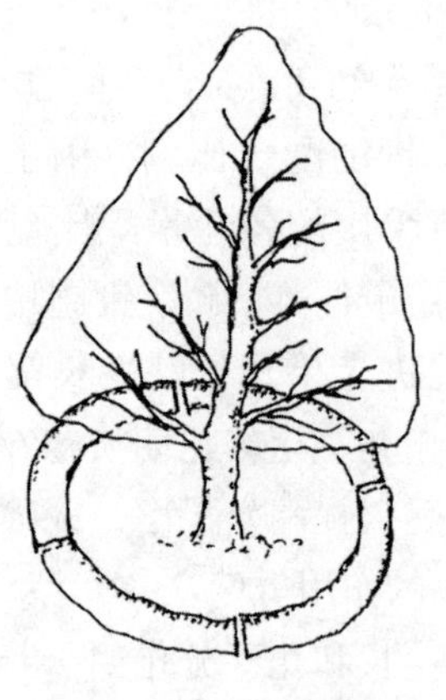

图7-7 环状沟施肥

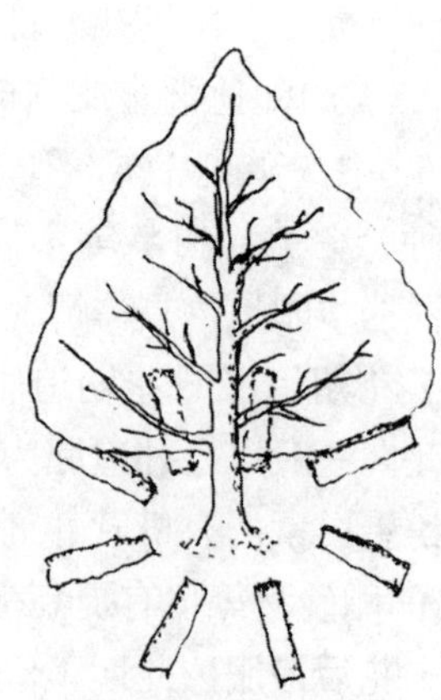

图7-8 放射状沟施肥

生物菌肥或过磷酸钙肥，那么应与化肥隔沟施入。

随水冲施也是土壤施肥的一种方法，是将易溶于水的冲施肥料随灌水施入土壤的一种追肥方式。此法不用挖沟可节省用工量，而且随水施入使营养均匀分布于土壤中，利于根系吸收。

（2）**根外施肥**　萌芽至采果后的根外追肥是采用叶面喷施和树干涂抹的方法。根外追肥是一种应急和辅助土壤追肥的方法，具有见效快、节省肥料、简单易行等特点。根外追肥直接供给树体养分，可及时补充营养，并可防止养分在土壤中的固定和转化，养分吸收转化快，叶面喷施一定要将营养液喷在叶的背面和枝干上，使其通过气孔被吸收。喷施时间应在下午或多云天气时，这样有利于养分的充分吸收。树干涂抹法是用毛刷将营养液均匀涂于树体的主干或主枝上，通过树皮的皮孔渗入，参与养分和水分的输导，直接被树体地上部各器官吸收和利用。

（三）水分管理

温室和大棚的大樱桃水分管理，强调灌透萌芽水和采后水，严格掌控催果水的时期、灌水量及灌水方法，要根据树体生长发育对水分的需要和土壤含水量进行灌水。灌透萌芽水，能满足树体萌芽、展叶、开花对水分的需求。严格掌控催果水的时期、灌水量以及灌水方法，不但能有效杜绝落果和裂果，还可以防止因湿度过大而造成病害的发生；灌透采后水，能满足采后恢复树势和花芽饱满对水分的需求。

1. 灌水时期与灌水量　温室和大棚生产在冬、春季进行，并有塑料薄膜覆盖，无降雨、无风流动，温度和湿度的高低波动大，这是与露地生产的不同之处，需要细心观察和管理。

（1）**萌芽水**　即揭帘升温时灌水，可增加棚内湿度，促进萌芽整齐。水量要充足，灌足灌透，以润透土壤40厘米左右为宜。

（2）**花前水**　即开花前补水，可满足发芽、展叶、开花对水分的需求。水量应以“水流一过”即可。

（3）**催果水** 即硬核后灌水，可满足果实膨大和花芽分化的需要，这一时期灌水应特别慎重，一般以花后15～20天（硬核后）灌水为宜，水量仍以“水流一过”为度。结果大树株灌水量以50～60升，结果幼树以30～40升为宜。为防止落果和裂果，还可分2次灌入。升温较晚的和促晚熟的温室和大棚，由于通风量大，灌水时间和灌水量可适当提前和增加。

（4）**采前水** 采收前10～15天是大樱桃果实膨大最快的时期，这一时期缺水，影响果个增大、严重的还会引起果实软化，导致产量降低。但是，水量过大不仅会引起裂果，还会降低果实品质，因此水量应与催果水相同。

（5）**采后水** 果实采收后，为尽快恢复树势，保证花芽后续分化的顺利进行，水量以浇透土壤40～50厘米深为宜。

2. 灌水方法 灌水方法较露地要更为科学，因为关系到棚内湿度和坐果率以及果实品质。

（1）**漫灌** 是在树盘两侧做挡水埂，水在树盘内流过的灌水方法，萌芽前和采收后可采取这种方法灌水（图7–9）。

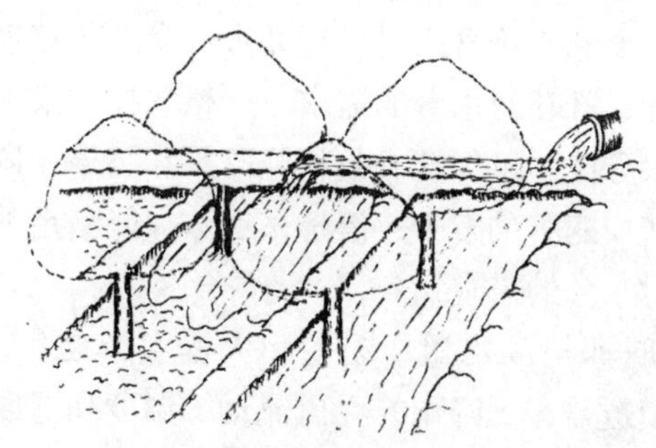

图7–9 漫 灌

（2）**沟灌或坑灌** 是催果水和采前水的最佳灌水方法，即在树盘上挖环状沟或圆形坑，深20厘米进行灌水，待水渗下后覆土

（图 7–10）。此种灌水方法是杜绝落果和裂果的最佳方法，因水分缓慢渗透到土壤中，根系吸收均衡，就不会引起落果和裂果。

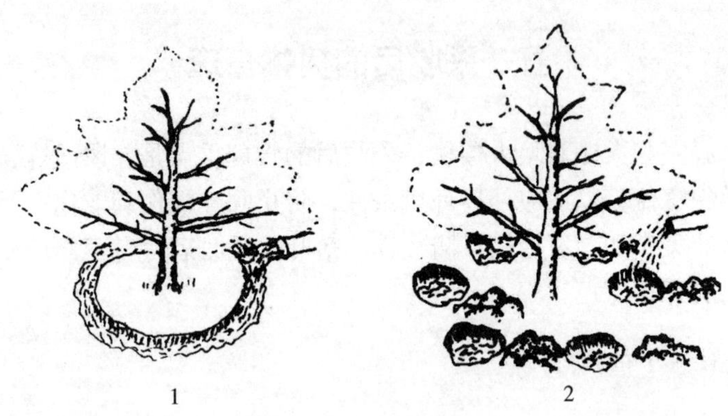

图 7–10　沟灌和坑灌

1. 沟灌　2. 坑灌

（3）畦灌　是树盘漫灌的另一种方法，在树盘中间做埂，将树盘分为两半。每次灌树盘的一侧，交替灌水。此法也是杜绝落果和裂果的灌水方法之一。

（4）滴灌　滴灌时需在园内安装滴灌设施。灌溉水通过树下穿行的低压塑料管道送到滴头，由滴头形成水滴或细水流，缓慢地流向树根部。滴灌可保持土壤均匀湿润，是杜绝落果和裂果的最佳方法之一，同时又可防止根部病害的蔓延，也是节约用水的好方法。

3. 雨季排水　温室和大棚揭膜后进入露地管理期间，防涝也是一项不可忽视的工作。树盘长时间积水易造成涝害，但是，有时地面没有积水，而土壤相对含水量长时间超过 80% 以上时，也会造成涝害。因此，除了要求在建棚时避开低洼易涝和排水不畅的地段外，还要求采取台田式栽植。没采取台田式栽植的要在行间和温室前底脚或大棚四周修排水沟，即在行间和前底脚或四周挖深40～50厘米、宽30厘米的沟，行间沟要与前底脚水沟或四周围的沟相通。在雨季来临之前，及时疏通排水沟，以便及时排除积水。

五、采收后的树体管理

温室和大棚栽培大樱桃，采收后的管理重点是放风锻炼，适时撤除覆盖，以适应外界环境条件，防止叶片损伤和老化；及时防治叶斑病和二斑叶螨，防止提早落叶；采收后尽量不修剪，防止二次开花。

（一）放风锻炼

温室和大棚促早熟栽培大樱桃时，最早升温的一般在2月上中旬开始采收，采收期需要20～30天，最晚升温的在5月上中旬也基本采收结束。采收后的外界气温与棚内气温相差还比较大，尤其是北方地区，加之此时大樱桃树体还处在花芽分化阶段，需要适当的温度调控。此时，如果外界温度还很低就撤膜了，那么树体不能适应外界环境条件就会影响花芽分化，也易对树体和叶片造成伤害。因此，必须在外界温度与棚内樱桃树体生长温度基本一致前进行放风锻炼，锻炼15～20天后再撤棚膜。撤棚膜时外界温度旬平均应不低于15℃，选择无风多云天气时撤膜最好，期间放风锻炼的时间不可少于15天。

放风锻炼方法是将正脊固膜杆或绑线松开，两侧山墙的固膜物不动，使棚膜逐渐下滑，或同时将底棚膜往上揭。每2～3天揭开1米左右。如果遇到降温天气时，将棚膜放下，回暖时再扒回原位。

如果不进行放风锻炼，那么可以在撤膜的同时覆盖遮阳网，但也要等到外界旬平均气温不低于15℃才可以撤膜。遮阳网的透光率要选择在70%以上的（两针网），不可以选用透光率在

70%以下的，以免降低树体的光合作用，抑制花芽发育。温室遮阳网的覆盖宽度应该是顶部和底部各留 2 米左右，大棚的两侧底部也是各留 2 米左右，不需要全覆盖。

（二）保护叶片促花芽饱满

撤膜后进入露地期间的管理，重点是防治叶斑病和二斑叶螨，防止叶片受害而提早落叶，喷布 2～3 次杀菌剂和杀螨剂；还要时时监测卷叶虫、网蝽等害虫的发生，及时喷杀虫剂防治。预防花芽老化和叶斑病的发生，还可喷布 3～4 次含有壳聚糖类的有机营养剂，效果也很好。

采收后立即施肥浇水（月子肥）促花芽饱满。6～9 月间防止高温干旱和涝害，浇水次数要根据土壤保水性和降雨情况而定，一般浇水间隔不应少于 20 天，防止花芽发育畸形或老化，进入雨季还应及时排涝。

第八章

整形修剪

对大樱桃树进行整形修剪，是为了培养良好的树体骨架，调控树体生长与结果、衰老与更新之间的关系，调控树体生长与环境影响的关系，保持健壮的树势，以达到早结果、早丰产、连年丰产的栽培目的。

目前，在生产中栽培的大樱桃品种中，多数品种的幼龄期树势偏旺，若任其自然生长，会出现枝条直立、竞争枝多、徒长枝多，梢头分枝多、树形紊乱，进入结果期晚，甚至表现出5年生以上的树很少结果或不结果现象。若进入结果期以后放弃整形修剪，或整形修剪技术不到位，会导致主枝背上或主干上的徒长枝和竞争枝多，形成树上树、偏冠树、掐脖树等，或外围延长枝上翘，形成抱头树，或上部强旺，形成伞状树等，导致下部光照不足而树势衰弱。出现这些状况后，会造成产量和果实品质的大幅度下降。因此，对樱桃树适时合理进行整形修剪，是樱桃园综合管理中很重要、很关键的一项技术措施，是在土肥水等综合管理的基础上，调控树体生长与结果的关系，使树体的营养生长与生殖生长保持平衡。

幼树期整形修剪可促进幼树迅速增加枝量，扩大树冠，枝条分布和层间距安排合理，以达到提早结果的目的；结果期整形修剪可促使结果树的枝量达到一定的范围，结果枝组配置合理，以达到连年丰产优质，而且树体不早衰、经济寿命长的目的。

一、与整形修剪相关的生物学特性

大樱桃不同的品种、不同的生长时期，都有其自身的发育特点，要想使大樱桃树的整形修剪达到理想效果，必须认识芽和枝条的种类，必须了解和掌握与整形修剪有关的生长发育特性以及发生规律。

（一）大樱桃树体各部类型与相关特性

1. 芽的类型与特性　大樱桃树的芽，按其性质主要分为叶芽和花芽两大类型，按其着生部位还可分为顶芽和侧芽两大类型。芽是枝、叶、花的原始体，所有的枝、叶和花都是由芽发育而成的，所以芽是树体生长、结果以及更新复壮的重要器官。

（1）叶芽　萌芽后只抽生枝叶的芽称为叶芽。叶芽着生在枝条的顶端或侧面。叶芽是抽生枝条、扩大树冠的基础。叶芽较瘦长，多为圆锥形。叶芽按着生的部位不同，被称为顶叶芽和侧叶芽。

①顶叶芽　顶叶芽着生在各类枝条的顶部，其形态特性有区别。发育枝的顶叶芽大而粗，顶部圆而平，其作用是抽生枝梢，形成新的侧芽和顶芽；长果枝的顶叶芽较圆，一般大于花芽，其作用是抽生结果枝、花芽、和叶芽；短果枝和花束状果枝上的顶叶芽较瘦小，多数小于花芽，其作用是展叶后形成花芽和新的顶芽。

②侧叶芽　顶叶芽以下的叶芽统称为侧叶芽或腋叶芽。发育枝上，除了顶叶芽之外，其余的芽都为侧叶芽；混合枝、长果枝和中果枝的中上部的侧芽都是叶芽；在短果枝和花束状果枝上，一般很少有侧叶芽形成。离顶芽越近的侧叶芽越饱满，离顶芽越远的侧叶芽饱满的程度越差。

叶芽具有早熟性。有的在形成当年即能萌发，使枝条在一年中有多次生长，特别是在幼旺树上，易抽生副梢。根据这个特性，可采取人工摘心或剪梢措施，使之增加分枝扩大树冠。

叶芽还具有潜伏性。发育枝基部的极小的侧叶芽发育质量差，较瘪瘦，在形成的当年或几年都不易萌发抽枝，而呈潜伏状态，又被称为潜伏芽。潜伏芽寿命长，当营养条件改善，或受到刺激时即能萌发抽枝，这是枝条更新、延长树体寿命的宝贵特性。

（2）**花芽**　芽内含有花原基的芽称为花芽。大樱桃的花芽除主要着生在花束状果枝、短果枝和中果枝上之外，混合枝和长果枝基部的5～8个芽，也是花芽。着生在混合枝、长果枝及中果枝基部的花芽，还被称为腋花芽。

大樱桃的花芽为纯花芽，花芽无论着生在哪个部位，开花结果后其原处都不会再形成花芽和抽生新梢，呈现光秃状（图8-1）。在修剪时必须辨认清花芽和叶芽，剪截部位的剪口下必须留有叶芽。

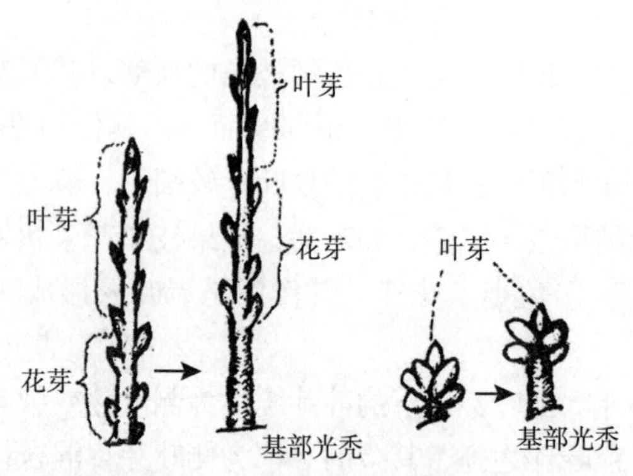

图8-1　花芽开花后呈光秃状

2. 枝的类型与特性　大樱桃的枝按其生长发育特性可分为发育枝和结果枝。

（1）发育枝　仅具有叶芽（无花芽）的1年生枝条称为发育枝，也称营养枝或生长枝（俗称水条）。发育枝萌芽以后抽枝展叶，是形成骨干枝、扩大树冠的基础。不同树龄和不同树势上的发育枝，抽生发育枝的能力不同。幼树和生长势旺盛的树，抽生发育枝的能力较强，进入盛果期和树势较弱的树，抽生发育枝的能力越来越小。

另外，还有一种叶丛枝也属于发育枝类型。叶丛枝是枝条中后部的叶芽萌发后，遇到营养供应不足时，停止生长所形成的长度在1厘米左右，或不足1厘米，仅有1个顶芽的枝，也称单芽枝。它是由弱势部位萌发出来的具有丛生叶，节间不明显的短枝（2年生以上的叶芽）。按枝条种类划分，应该属于发育枝类。此枝条在樱桃的各级骨干枝上形成很多，其发展成花束状果枝或短果枝的概率也大，尤其是缓放枝条的后部，其叶丛枝形成的较多。

这种枝在营养条件改善时，可转化为花束状结果枝，若营养条件不改善，则仍为叶丛枝。如果处在顶端优势的位置上，或受到刺激时，还会抽生发育枝（图8-2）。生产中应引起重视和培养。

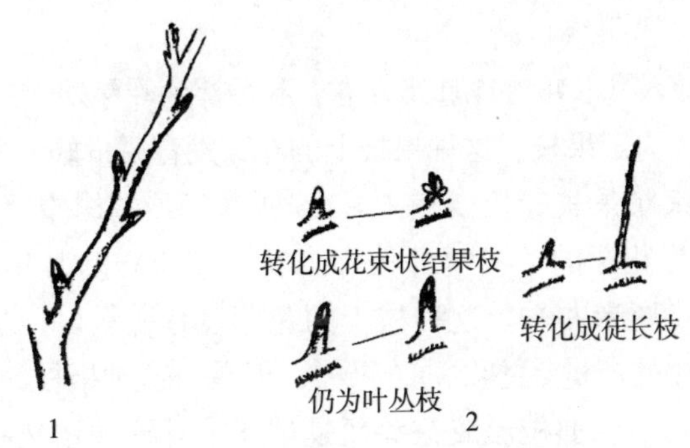

图8-2　叶 丛 枝

1. 枝条基部的叶丛枝　2. 叶丛枝的转化

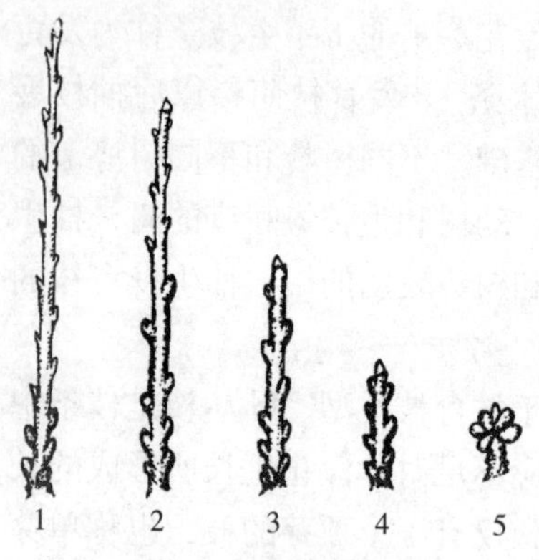

图 8-3　结果枝类型

1. 混合枝　2. 长果枝　3. 中果枝
4. 短果枝　5. 花束状果枝

（2）**结果枝**　着生有花芽的枝条都称为结果枝。按其特性和枝条的长短不同可分为混合枝、长果枝、中果枝、短果枝和花束状果枝（图 8-3）。

①混合枝　长度在20厘米以上，顶芽及中上部的侧芽全部为叶芽，只有基部的几个侧芽为花芽的枝条，称为混合枝。这种枝条既能抽枝长叶，又能开花结果，是初果期、盛果期树扩大树冠、形成新果枝的主要果枝类型。混合枝上的花芽往往发育质量差，坐果率低。

②长果枝　长度在 15～20 厘米，顶芽及中上部的侧芽为叶芽，其余为花芽的枝条称为长果枝。这种枝条结果后下部光秃，只有中上部的芽继续抽生枝条，这种果枝在幼树和初结果树上较多，坐果率也较低。

③中果枝　长度在 10 厘米左右，顶芽及先端的几个侧芽为叶芽外，其余的均为花芽的枝条称为中果枝，这种枝的花芽发育质量较好，坐果率也高。

④短果枝　长度在 5 厘米左右，除顶芽为叶芽外，其余均为花芽的枝条称为短果枝。这种果枝上的花芽发育质量好，坐果率高。

⑤花束状果枝　长度在 1～1.5 厘米，顶端居中间的芽为叶芽，其余为花芽的，极短的枝称为花束状果枝。其年生长量极小，只有 1 厘米左右。这种枝上的花芽发育质量好，坐果率高，是提高大樱桃产量最主要的结果枝，但是，这种果枝的顶芽一旦被破坏，就不会抽枝形成花芽而是枯死，且这种枝又易被碰断，在整形修剪时，不但要促使多形成花束状果枝，更要注意保护它的顶芽不受伤害，小心不能碰断。进入盛果期以后花束状果枝不

宜培养过多，否则树势会衰弱。

3. 树体类型与特性　大樱桃的树体类型，分为乔化型和矮化型两种。乔化树耐轻剪缓放，适宜稀植栽培，但也可以通过整形修剪或化控等措施进行密植栽培。矮化树宜重剪，适宜密植栽培，更适宜温室和大棚栽植。矮化树轻剪缓放过重时，易成小老树，过早进入衰老期。

（1）乔化型树　乔化型的树是利用乔化砧木（山樱桃、马哈利等）作基砧嫁接繁殖而成。乔化型大樱桃，其树体高大，生长势旺，顶端优势强，干性强，层性明显，树高一般可达5～7米，冠径可达5～6米，进入结果期较晚。正常管理条件下，4～5年开始结果，7～8年才进入盛果期。乔化树对修剪反应敏感，剪后抽生的中、长枝多，短枝少，但是轻剪缓放后，抽生的中、短枝多，长枝少，易更新复壮。

（2）矮化型树　其基砧或中间砧是利用具有矮化特性的砧木（吉塞拉、ZY–1等）嫁接繁殖而成。其树体矮小，生长势中庸，树高和冠径一般在2～4米。进入结果期较早，正常管理条件下，2～3年开始结果，4～5年进入盛果期。矮化树对修剪反应不太敏感，剪后中、短枝多，长枝少。轻剪缓放的枝条越多，则树体衰弱越快，且整体上发生严重衰弱时，其更新复壮要比乔化树难得多。

4. 树冠与根系特性　通常条件下，地上部的枝叶生长和地下部的根系生长是处在相对平衡的状态，但是，如果对地上部的枝条修剪量过大时，其根部所吸收的水分和营养就会造成地上部的树势偏旺；如果对地下部多断根，其吸收量就相对减少，会造成树势衰弱。因此，修剪应适量。而对于移栽树，由于断根多，就需要加大修剪量，对地上树冠采取疏、缩或重短截等措施，使地上部的树冠生长和地下部的根系生长保持平衡状态。

5. 其他特性与整形修剪的关系

（1）芽的异质性　位于同一枝上不同位置的芽，由于发育过

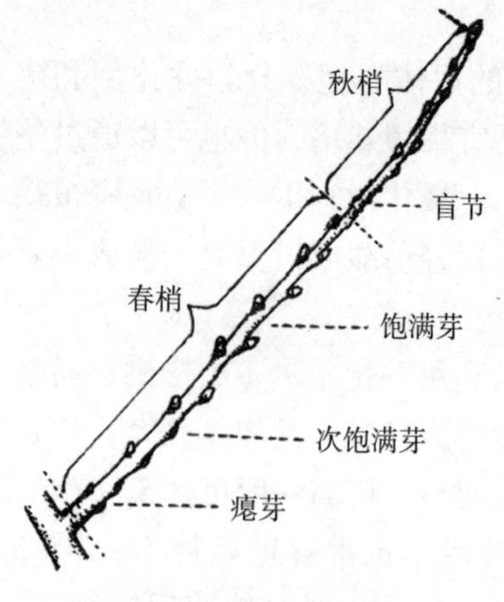

图 8-4 芽的异质性

程中所处的环境条件不同和内部营养供应不同造成芽质量有差异的特性，称为芽的异质性。

芽的质量对发出的枝条的生长势有很大的影响，芽的质量常用芽的饱满程度表示，即饱满芽、次饱满芽和瘪芽，在春秋梢交界处还会出现盲节（图 8-4）。修剪时可根据剪口芽的质量差异，增强或缓和枝势，达到调节枝梢生长势的目的。

（2）**顶端优势** 在一个枝条上，处于顶端位置的芽其萌发力和成枝力均强于下部芽，且向下依次递减，这一现象称顶端优势。枝条越直立顶端优势越明显。

在整形修剪时，注意所留枝条所在的位置，调控枝条的生长，以达到不同的整形修剪目的。例如，为了使树体生长转旺，可多留直立枝、背上枝，或剪口下留饱满芽剪截，或抬高弱枝的枝角来增强生长势；为了缓和树势，提早结果，可多留水平枝和下垂枝，或开张旺枝枝角来削弱其生长势，促发中、短果枝形成。拉枝时还要注意不要将枝条拉成弓形，弓背位置顶端优势明显，易形成徒长枝，拉平部位也不要过高。

由于顶端优势的作用，1 年生枝条的顶部均易抽生多个发育枝，形成三叉枝、五叉枝等，如果不是为了增加枝量，那么放任生长就会消耗大量无谓营养，抑制下部抽生果枝，因此，削弱顶端优势或利用顶端优势是整形修剪中不可忽视的。

（3）**层性** 由于顶端优势的作用，新萌发的枝多集中于顶部，构成一年一层向上生长，形成层次分布的形状。上部萌生强枝，中下部萌生中、短枝，基部芽不萌发成潜伏芽，这种现象在多年生长后就形成了层性。在整形修剪中可利用层性进行人工培养分层的树形，或利用层性的强弱确定树形。延长枝剪留得越长，层间距越大，反之层间距越小。

（4）**萌芽力和成枝力**　发育枝上的芽能够萌发的能力称为萌芽力。发育枝上的芽能够抽生长枝的能力称为成枝力。萌芽力与成枝力的强弱，是确定不同整形修剪方法的重要依据之一。枝条上萌动的芽多，没萌动的芽少，称为萌芽力高，反之称为萌芽力低。枝条上抽生的长枝多，称为成枝力高，反之称为成枝力低。萌芽力与成枝力是品种的生长特性，是修剪技术的依据之一。萌芽力与成枝力的高低还与修剪强度有关。

修剪时要根据不同品种、不同枝条其萌芽力与成枝力高低不同的特性，确定修剪方法。对成枝力较强的品种和枝条，要多缓放、促控结合，促进花芽形成；对成枝力较弱的品种和枝条，要适量短截、促发长枝，增加枝量。

（5）**枝角**　枝的角度对枝的生长影响很大，保持一定的角度不仅可以充分利用空间，而且可以使顶端优势和背上优势相互转化。角度小时背上优势弱，顶端优势强；角度大时，顶端优势弱，背上优势强。枝角小，枝条易生长过旺、成花难，还易形成“夹皮枝”，夹皮枝在拉枝、撑枝、坠枝时容易从分枝点劈裂，受伤后易引起流胶。

6. 栽培条件与整形修剪的关系　栽植密度小的果园，宜采用大冠型整形；栽植密度大的果园，宜采用小冠型整形。立地条件差的果园，其树体生长不会强旺，宜采用低干、小冠型整形，并注意复壮；相反，宜采用中、大型树冠整形。

（二）树体结构

大樱桃树体由地下和地上两部分组成，地下部分统称为根系，地上部分统称为树冠。树冠中各种骨干枝和结果枝组在空间上分布排列的情况称为树体结构（图 8–5）。

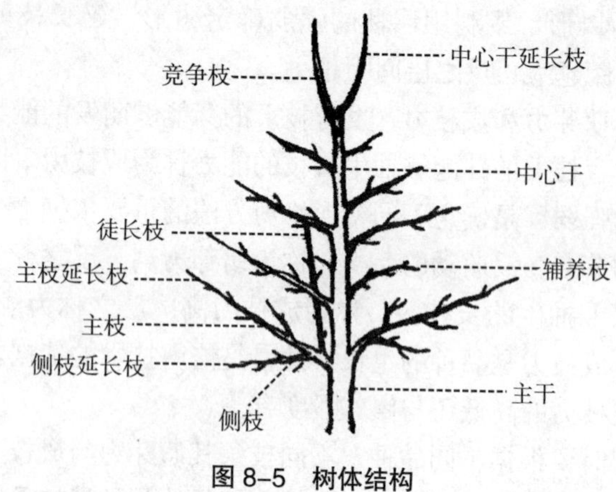

图 8-5　树体结构

1. 主干　从地面处的根茎向上到着生第一主枝处的部位称为主干，也称树干。这一段的长度称为干高。

2. 中心干　树干以上在树冠中心向上直立生长的枝干称为中心干，也称中心领导干。中心干的长短决定树冠的高低。

3. 主枝　着生在中心干上的大枝称为主枝，是树冠的主要骨架。主枝与中心干在大小上有互相制约的关系，中心干强大时主枝细小，中心干弱小时主枝强大。

4. 侧枝　着生在主枝上的分枝称为侧枝，通常将距中心干最近的分枝称第一侧枝，以此向外称第二、第三侧枝等。

主干、中心干、主枝和侧枝构成树形骨架，被称为骨干枝。骨干枝是在树冠中起骨架负载作用的粗大定型枝。

5. 辅养枝　着生在主干、主枝间作为临时补充空间用的，并用来辅养树体、增加产量的枝称为辅养枝。

6. 延长枝　各级枝的带头枝称为延长枝。延长枝具有引导各级枝发展方向和稳定长势的作用。用不同部位的枝作延长枝，其角度反应不同：用背下枝作延长枝，其角度同于母枝；用背上枝作延长枝，则角度直立。

7. 竞争枝和徒长枝　在剪口下的第二芽或第三芽萌发后，

比第一芽长势旺或长势与第一芽差不多的枝条，称为竞争枝；或以主枝与中心干的粗度比、侧枝与主枝的粗度比来衡量定性，主枝与中心干、侧枝与主枝的粗度比超过 0.5～0.6∶1 的枝，都称为竞争枝。竞争枝生长势强，常扰乱树形，需加以抑制或早期短截或疏除。

由潜伏芽萌发出的、长势强旺的枝条称为徒长枝，这类枝条多处在背上直立处，或枝干基部，或剪锯口处，枝干出现光秃带时或老树老枝更新时，可以充分利用潜伏芽。

8. 结果枝和结果枝组　着生在骨干枝上具有花芽的单个枝条称为结果枝。着生在骨干枝上具有两个以上结果枝构成的枝组称为结果枝组，由此可见，结果枝组是由枝轴和若干个结果枝组成，是大樱桃树的主要结果部位。在幼树期和初结果期培养出较多的结果枝和结果枝组，使树冠丰满，能为早结果、早丰产奠定基础。盛果期以后，管理好结果枝组不旺也不衰，是获得连年丰产的基础。

另外，在主、侧枝上着生的发育枝和结果枝，按其着生部位可分为背上枝、背下枝和侧生枝，了解其特性对其的培养和取舍很重要。

着生在主、侧枝背上的枝称为背上枝；着生在主、侧枝背下的枝称为背下枝。背上枝一般较直立，生长势较旺，易发育成竞争枝和徒长枝，需经过摘心、拿枝等措施才能形成结果枝组；背下枝长势弱、结果早，但寿命短，表现细弱后常被疏除。

着生在主、侧枝侧面的枝，称为侧生枝，因其角度倾斜，所以也称为斜生枝。侧生枝长势中庸，结果早，利用价值高。

二、整形修剪的基本原则、时期与方法

（一）整形修剪的基本原则

1. 因树修剪，随枝做形　根据品种的生物学特性、树体不

同发育时期及树势等具体情况，来确定应该采取的修剪方法和修剪程度。

2. 统筹兼顾，合理安排 根据栽植密度建造合理的树体骨架，做到有形不死，无形不乱，灵活掌握。对个别植株或枝条要灵活处理，建造一个符合丰产稳产树体的结构，做到主从分明，条理清楚，整形跟着结果走，既不影响早期产量，又要建造丰产树形，使整形与结果两不误。

3. 轻剪为主，轻重结合 根据具体情况修剪，以轻剪为主，轻中有重，重中有轻，轻重结合，达到长期壮树、高产优质的目的。

4. 开张角度，促进成花 本着“疏直立留斜生、疏强旺留中庸、强旺枝缓放、细弱枝短截、加大主枝基角”，生长季随时进行抹芽、摘心、拿枝等管理原则，消除竞争枝或多余无用枝，开张骨干枝的角度，促进花芽形成，使树体长势中庸，利于丰产稳产。

（二）整形修剪的时期

大樱桃的整形修剪时期分为生长期和休眠期两个时期。

1. 生长期 生长期整形修剪的时期是指从萌芽至树体停长落叶前，但最适宜的时间应该是从萌芽开始至夏末结束，过晚伤口易流胶，也影响伤口完全愈合。尤其是秋季修剪，伤口易干枯呈枯橛状，对促进花芽分化更是无效。生长期的适时整形修剪，能及时消除新梢的无效生长，调整骨干枝的角度，增加分枝量，使树体早成形、早成花，此举还可以减轻休眠期修剪对树体的伤害，以及减轻休眠期修剪的压力。

2. 休眠期 休眠期整形修剪的时期是指从落叶后到萌芽前，但保护地最适宜的整形修剪时间是在升温后至萌芽初，过早伤口易流胶或干枯。没进入保护地生产的露地期，秋季和冬季修剪还易发生冻害或抽条。

（三）整形修剪的主要方法

对大樱桃整形修剪的措施主要有拉枝、缓放、短截、疏枝、回缩、摘心、拿枝、刻芽和除萌等。其中，拉枝、摘心、拿枝、剪梢和除萌等是生长期修剪的主要方法。缓放、短截、疏枝和回缩等是休眠期修剪的主要方法。

1. 拉枝　将枝拉成一定的角度或改变方位称拉枝。拉枝法主要用在直立枝、角度小的枝和长势较旺的或下垂的主枝或侧枝上。拉枝的手段主要有绳拉、开角器或木棍或牙签撑、石头坠等（图 8–6）。

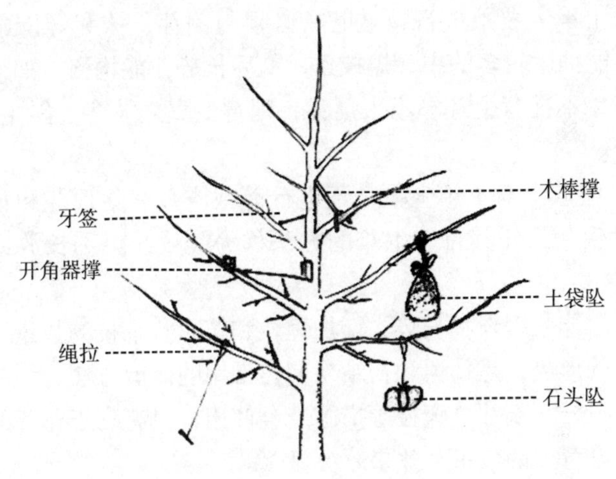

图 8–6　拉枝方法

拉枝前应先对被拉的枝进行拿枝，使枝软化后再拉枝，以防止折断。角度小的粗大枝在拉枝时易劈裂，所以在拉角度小的粗大的枝时应在其基部的背下连锯 3～5 锯，角度过小的粗大枝可连锯 7～10 锯甚至以上，伤口深达木质部的 1/3～1/2 处后再拉，拉时要将伤口包合严实（图 8–7）。

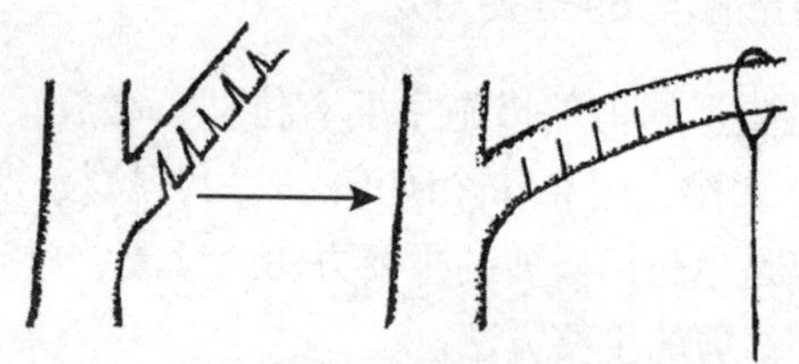
图 8–7 连锯法

拉枝的时期宜在萌芽期。萌芽前枝干较脆硬，粗大枝还易劈裂；生长后期拉枝，其受伤部位易发生流胶病，在越冬时还易发生冻害。

对 1 年生枝条进行拉枝时，必须与刻芽、抹芽等措施相结合，方能抽生较多的中、短枝条，前后长势才能均衡。如果只拉不刻芽、不抹背上芽、不去顶芽，则背上直立枝多，斜生的中、短枝少。

2. 缓放 对 1 年生枝条不进行剪截或只剪除顶芽和顶部的几个轮生芽，任其自然生长的方法称为缓放，也称长放或甩放（图 8–8）。

缓放能减缓新梢长势，增加短枝和花束状果枝的数量，有利于花芽的形成，是幼树和初结果期树常用的修剪方法。缓放的枝条应与拉枝、刻芽、疏枝等措施结合使用，只有利于花芽的形成和减少发育枝的数量，效果才会显著。

3. 疏枝 将 1 年生枝从基部剪除，或将多年生枝条从基部锯除称为疏枝。

疏枝主要用于疏除竞争枝、徒长枝、重叠枝、交叉枝、多余枝等（图 8–9）。疏枝可利于改善冠内通风透光条件，平衡树势，减少养分消耗，促进后部枝组的长势和花芽发育。

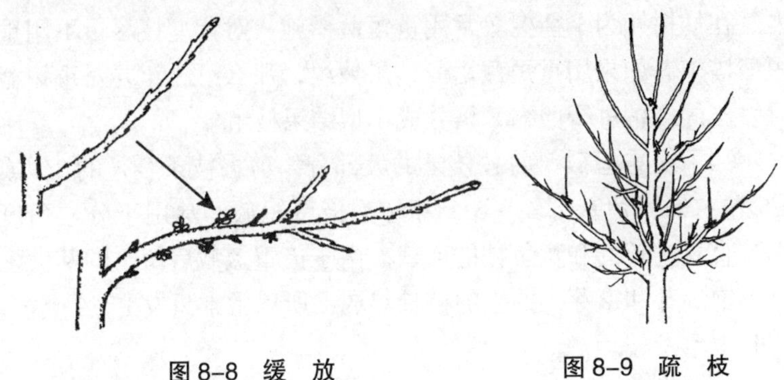

图 8-8 缓 放　　图 8-9 疏 枝

4. 短截 将 1 年生枝条剪去一部分，留下一部分称为短截，也称剪截。

短截是樱桃整形修剪中应用最多的一种方法，根据短截的程度不同，可分为轻短截、中短截、重短截和极重短截四种（图 8-10）。

（1）轻短截 剪去枝条全长的 1/3 或 1/4 称为轻短截。轻短截有利于削弱枝条顶端优势，提高萌芽力，降低成枝力。轻短截后形成中、短枝多，长枝少，易形成花芽。

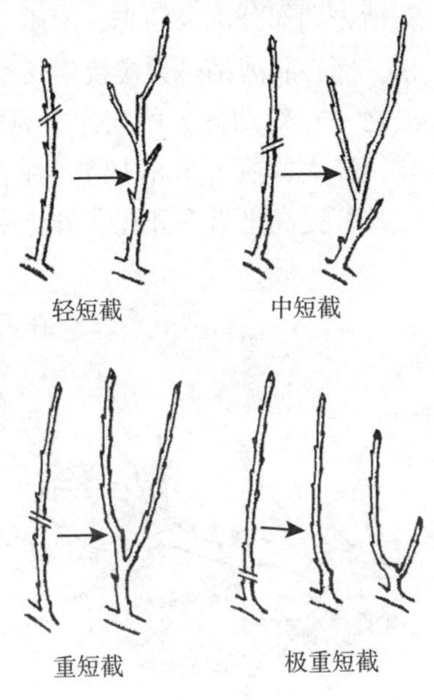

图 8-10 短截方法

（2）中短截 剪去枝条全长的 1/2 左右称为中短截。中短截有利于维持顶端优势，中短截后形成中、长枝多，但形成花芽少。幼树期对中心干延长枝和各主、侧枝的延长枝，多采用中短截措施来扩大树冠。

（3）重短截 剪去枝条全长的 2/3 左右称为重短截。重短截抽枝数量少，发枝能力

强。在幼树期为平衡树势常用重短截措施，对背上枝尽量不用重短截措施。如果用重短截培养结果枝组，那么第二年要对重短截后发出的新梢进行回缩，培养成小型结果枝组。

（4）极重短截 剪去枝条的大部分，剪去枝条全长的3/4或4/5左右，只留基部4～6个芽称为极重短截。常用于分枝角度小、直立生长的和竞争枝的剪截。由于极重短截后留下的芽大多是不饱满芽和瘪芽，抽生的枝长势弱，所以常常只发1～2个枝，有时也不发枝。

5. 回缩 将2年生以上的枝剪除或锯除一部分称为回缩（图8-11）。回缩主要是对留下的枝有增强长势、更新复壮的作用，主要用于骨干枝在连续结果多年后长势衰弱需要复壮时，或下垂的衰弱结果枝组需要去除时，或过于冗长与行间、株间形成交叉的枝组，需要改善通风透光条件，也方便作业时。

6. 摘心和剪梢 对当年生新梢，在木质化之前，用手摘除新梢先端部分称为摘心。木质化后用剪子剪除新梢先端部分称剪梢。摘心和剪梢是大樱桃生长季节整形修剪作业中应用最多的方法之一。对幼树上的当年生延长枝的新梢摘心，目的是促发分枝，扩大树冠（图8-12）。对结果树上的新梢摘心，能延缓枝条生长，提高坐果率和花芽分化率。摘心的轻重对发枝和成花的影

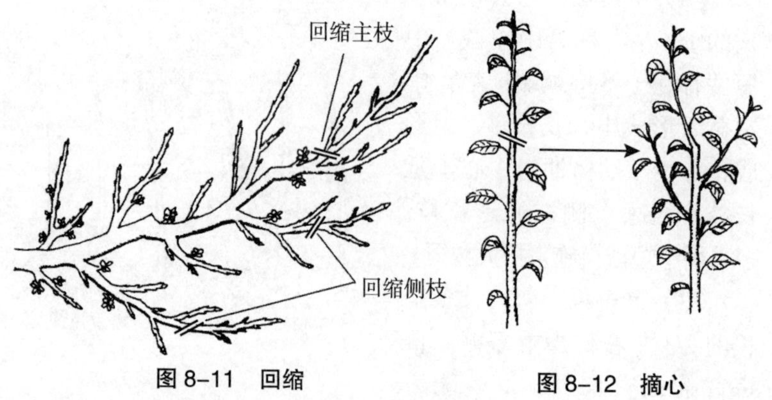

图8-11 回缩　　图8-12 摘心

响不同：轻摘心包括连续轻摘心，发枝少但能促使枝条基部的叶芽形成花芽；重摘心发枝多，但形成的花芽少。

7. 拿枝 用手对1年生枝从基部逐步捋至顶端，伤及木质部而不折断的方法称为拿枝。

拿枝的作用是缓和旺枝的长势，调整枝条方位和角度，又能促进成花，是生长期对直立的、长势较旺的枝条应用的一种方法（图8–13）。拿枝后可结合使用开角器来稳固拿枝效果。

8. 刻芽 刻芽也称目伤，即在芽的上方或下方用小刀或小锯条横划一道，深达木质部的方法。刻芽的作用是提高侧叶芽的萌发质量。刻芽时间多在萌芽初，在芽顶变绿尚未萌发时进行。秋季和早春芽没萌动之前不能刻伤，以免引起伤口流胶或干枯。

在芽的上方刻伤，有促进芽萌发抽枝的作用。在芽的下方刻伤，有抑制芽萌发生长的作用（图8–14）。刻芽作为促进和抑制芽生长的一项技术，主要用于枝条不易抽枝的部位、拉枝后易萌发强旺枝的背上芽，以及不易萌发抽枝的两侧芽。

图8–13 拿 枝

图8–14 刻 芽

1. 芽上刻伤促进萌芽生长 2. 芽下刻伤抑制萌芽生长

9. 抹芽 在生长期及时抹去无用的萌芽称为抹芽，也称除萌。

抹芽的作用是减少养分的无谓消耗，防止无效生长，集中营养用于有效生长。首先应抹除苗木定干后留作主枝以外的萌芽，以后每年生长期都应注意及时抹除主、侧枝背上萌发的直立生长的萌芽，或疏枝后剪锯口处萌发的有碍于主要枝生长的多余的萌芽，以及主干上萌发的无用萌芽。但在各级骨干枝后部（基部）

的芽，萌发后其生长量极小，叶片大而多，常形成叶丛枝，注意不要抹除。

三、主要树形及其整形修剪方法

（一）主要树形

目前，生产中常用的主要树形有主干疏层形、自由纺锤形、小冠疏层形、KGB 形和自然开心形。

（1）**主干疏层形** 有主干和中心干。主干高 50～60 厘米，树高 2.5～3 米。全树有主枝 8～10 个，分 3～4 层。第一层有主枝 3～4 个，主枝角度 60°～70°，每一主枝上着生 4～6 个侧枝。第二层有主枝 2～3 个，角度为 45°～50°，每一主枝上着生 2～3 个侧枝，层间距为 60～70 厘米。第三层和第四层，每层有主枝 2～3 个，主枝角度 30°～45°，每主枝上着生侧枝 1～2 个，层间距 45～50 厘米。在各主、侧枝上配备结果枝组（图 8–15）。

主干疏层形修剪量大，整形修剪技术要求高，成形慢，但进入结果期后，树势和结果部位比较稳定，坐果均匀，适于稀植栽培。

（2）**自由纺锤形** 有主干和中心干，主干高 50 厘米左右，树高 2.5～3 米，在中心干上，均匀轮状着生长势相近、水平生长的 15～20 个主枝，主枝上不留侧枝，单轴延伸，直接着生结果枝或结果枝组。下部主枝开张角度为 80°～90°，上部为 70°～80°。下部枝长，上部枝短，上小下大，整个树冠呈纺锤形（图 8–16）。

纺锤形树体结构简单，修剪量轻，枝条级次少，整形容易，成形和结果早，树冠通风透光好，适于密植栽培。

（3）**小冠疏层形** 有主干和中心干，主干高 50 厘米左右，树高 2.2～2.5 米，全树有主枝 6～8 个，分 2 层。第一层有主枝 4～5 个，每个主枝上着生 3～5 个侧枝和多个结果枝组，第二层有

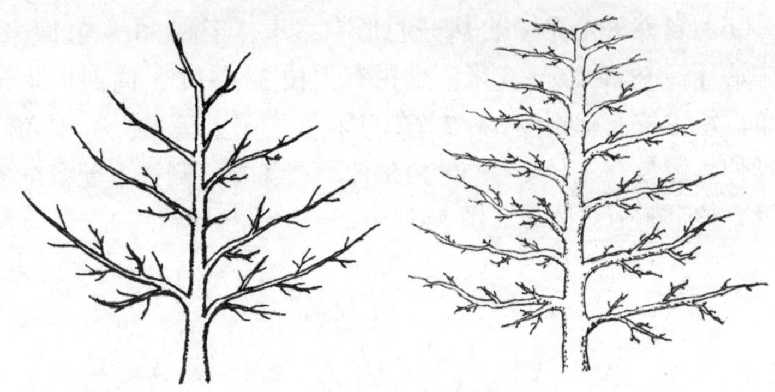

图 8-15　主干疏层形　　　　图 8-16　自由纺锤形

主枝 3 个，着生小型侧枝和结果枝组。主枝开角 60°～70°，层间距 1.2～1.5 米，层间留有辅养枝（图 8-17）。

小冠疏层形对修剪技术要求较高，修剪量较大，但进入结果期后树势中庸健壮，结果部位稳定，结果年限长。

（4）KGB 形　KGB 是 Kym Green Bush 的缩写。此树形是由澳大利亚的 Kym Green 创立的树形，是西班牙丛状形的改进型。有主干，干高 50～60 厘米，株高 2.5 米左右，全树有主枝 20～25 个，无侧枝，全部直立生长，无主次之分。

KGB 树形整形简单，树冠开张，冠内光照好，此树形对乔化和矮化砧木都适用（图 8-18）。

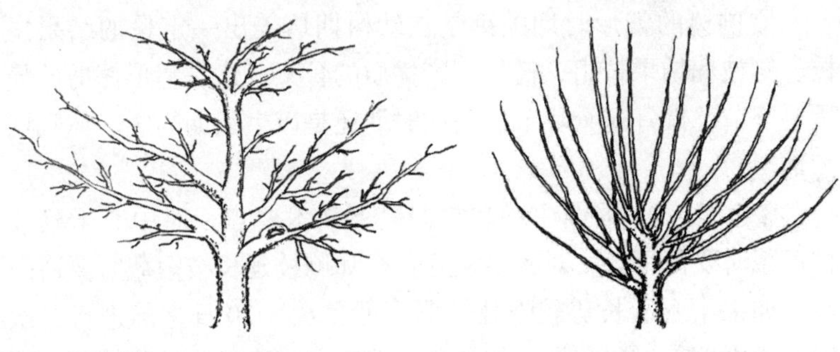

图 8-17　小冠疏层形　　　　图 8-18　KGB 树形

（5）自然开心形 自然开心形有主干，干高 30～50 厘米，无中心干，树高 2.5～3 米。全树有主枝 3～5 个，向四周均匀分布。每主枝上有侧枝 6～7 个，主枝在主干上呈 35°～45°角倾斜延伸，侧枝在主枝上呈 50°角延伸。在各主、侧枝上配备结果枝组，整个树冠呈圆形（图 8–19）。

图 8–19 自然开心形

自然开心形整形容易，修剪量轻，树冠开张，冠内光照好，适于稀植栽培，但此种树形在露地雨后遇大风易倒伏。

（二）整形修剪的方法

樱桃树的整形时期关键是在幼树期培养出一定量的结果主枝、侧枝和结果枝组，搭好丰产优质的骨架，这是整形修剪的最重要环节，做好这个环节的关键时期还是以生长期为主、休眠期为辅。

整形修剪应重点注意和掌握以下技术要点：对中心干延长枝短截时要留里芽；对各主枝延长枝和侧枝延长枝短截时要留外芽；如果中心干长势较强旺，那么可在 6 月 20 日之前进行二次定干，再培养一层主枝；如果剪口下第二或第三芽长势较旺，那么可进行早期摘心削弱其生长势，枝量够用时可摘除；如果栽后第一年发枝数量极少，那么可在下一年春季清干（将主枝全部进行重短截或疏除），重新培养主枝；如果缺枝量不多，那么可将个别萌发较早较旺的枝进行重摘心使其促发2～3个分枝；如果预留的芽不萌发，那么可在芽上刻伤，并涂发枝素促其发枝；及时抹除主枝背上的直立新梢。总之，要想在3～4年内的幼树期如期培养成合理树形，除上述措施及时做好外，还应该加强肥水管理和病虫害防治工作，方能收到理想效果。

1. 主干疏层形

（1）第一年　选用高度在80厘米以上的健壮苗木栽植，栽后在距地面60～70厘米处定干，保留20厘米的整形带，萌芽后选择方位不同的长势一致的5～6个新梢培养主枝和中心干。将位置最高的一个强旺中心枝作为中心干延长枝，其余枝作为第一层主枝培养。主枝在主干上方位分布均匀，夏末秋初将主枝拿枝开角呈60°～70°。

（2）第二年　萌芽初将中心干留60～70厘米短截，培养第二层主枝，并将第一层主枝留50～60厘米短截，剪口留外芽。注意对主枝上的侧芽进行芽前刻伤，促发侧枝形成，并将角度不好的主枝进行拉枝（绳拉或开角器撑）。生长期对第二层主枝进行拿枝开角，摘除梢头多余的分枝。6月20日之前对中心干延长枝留55厘米左右剪梢，促发第三层分枝。对第一层主枝上的背上新梢进行重摘心或摘除。

（3）第三年　萌芽初如果计划培养四层主枝，可对中心干留50～60厘米短截培养第四层主枝；如果留三层主枝，那么就可将中心干延长枝进行落头处理（疏除）。各主枝延长枝继续留外芽短截，同时对主枝上的侧芽进行芽前刻伤，促发侧枝形成，并疏除直立枝和徒长枝等，对第二层主枝进行拉枝，同时将第一层主枝的拉枝绳前移。生长期间，对第三、第四层主枝拿枝处理，注意抹除多余萌芽和摘除梢头多余分枝，长势过旺的主、侧枝可对其进行连续轻摘心，培养结果枝，经 3 年的培养基本可以达到标准的树形。

（4）**第四年**　主要是短截和回缩侧枝，培养结果枝和结果枝组。

2. 自由纺锤形

（1）**第一年**　选用高度在 100 厘米以上的健壮苗木栽植，栽后在距地面 80～85 厘米处定干，抹除剪口下第二、第三芽，在上部留 40～50 厘米作整形带，在整形带内间隔 8～10 厘米留一轮状分布的饱满芽。萌芽后培养 4～5 个新梢，抹除多余萌芽。6 月 20 日之前当中心干延长梢长至 50 厘米时，留 25～30 厘米摘心，促发 3～4 个分枝，并对下部主枝拿枝开角。

（2）**第二年**　萌芽初期对下部主枝进行拉枝，并对主枝上的侧生芽进行芽前刻伤，中心干延长梢留 30～40 厘米短截。疏除徒长枝，留外芽剪除各主枝的顶芽。生长期对上部主枝拿枝开角，疏除下部主枝上的梢头分枝，保留延长梢。摘除主枝和主干上的直立梢和徒长枝。6 月 20 日之前中心干延长梢仍留 30～40 厘米摘心，促发分枝。

（3）**第三年**　萌芽初对上部主枝进行拿枝或拉枝，各主枝上的侧生芽进行芽前刻伤，中心干延长梢留 30～40 厘米短截。树高和各主枝都达到要求高度和长度时进行缓放，没达到时继续培养。

（4）**第四年以后的修剪**　主要是对过于冗长的枝或下垂枝进行回缩。

3. 小冠疏层形

（1）**第一年**　选用高度在 100 厘米以上的健壮苗木栽植，栽后在距地面 70～80 厘米处定干，在上部留 25 厘米作整形带。萌芽后培养 4～5 个强旺枝，选择一个位置较高的强旺中心枝做中心干，其余做第一层主枝培养，生长季对各主枝长进行拿枝开角。6 月 20 日左右对长于 60 厘米的主枝留 45～50 厘米摘心。

（2）**第二年**　萌芽初对中心干留 60～70 厘米左右定干，培养第二层主枝，并对第一层各主枝留 50 厘米左右短截。生长期

对各主枝的当年新梢留 40～50 厘米剪梢，促发分枝。第二层主枝留 2～3 个，其余疏除，不再留中心干。

（3）第三年　主要是继续短截各主枝，培养侧枝。

4. KGB 形

（1）第一年　选用 100 厘米以上的健壮苗木栽植，栽后在距地面 50 厘米处定干，留 15 厘米整形带，选择 4 ～ 5 个饱满芽，其余萌芽抹除，培养 3～4 个向外生长、长势一致的主枝。当年每个主枝的长度应该达到 60 厘米。

（2）第二年　萌芽初将所有主枝留 10～15 厘米短截，促发分枝。长势强的主枝留短些，长势弱的留长些；同时，抹除内侧芽，保证枝条长势和方向的一致性。生长季的 6 月 20 日之前，对所有的主枝留 10～15 厘米短截，同样疏除过强和过弱的枝条，以及向内生长的交叉枝条，使整树的枝条生长势一致。夏季短截整形必须保持良好的树体营养水平，若树势偏弱，则夏季不短截，留到翌年春季短截。

（3）第三年　当乔化砧树主枝量达 2 5 条左右、矮化砧树主枝量达 20 左右条时，即 KGB 树形的主体结构形成，如果不够可在萌芽期再短截一次。如果枝量够，那么轻短截所有新梢，剪掉 1/3 左右。为保持树体通风透光，主枝上不留侧枝，有花芽的要齐花剪。

5. 自然开心形

（1）第一年　选用高度在 80 厘米以上的健壮苗木栽植。栽后在距地面 50～60 厘米处定干，上部留 15～20 厘米作整形带，抹除整形带以下的叶芽。萌芽后将在整形带内选留 3～5 个向外侧生长的、向四周分布均匀的、长势大致一致的分枝作主枝。当各主枝长至 50～60 厘米时，留外芽摘除先端 1/3，促发 2～3 个分枝。对各主枝选居中间的外侧枝作扩大树冠的延长枝，两侧斜生枝作侧枝，注意及时抹除内侧直立梢。

（2）第二年　萌芽初将各主枝拉枝开角至 30°～50°，各主枝的延长枝留40～50厘米短截，剪口芽留外芽。各侧枝留外芽剪除顶芽或成熟度不好的梢头，剪口芽也留外芽。生长期的夏季，当各主枝延长枝长至60～70厘米时，再次留外芽摘除先端1/3左右，并对各侧枝轻摘心。

（3）**第三年** 萌芽初对各主侧枝延长枝留外芽短截，直立枝和徒长枝疏除。生长期当各主枝延长枝长至50～70厘米时，再次留外芽摘除先端1/3左右，并对各侧枝轻摘心，促花芽形成。

经3年的培养，主、侧枝基本成形，可停止短截和摘心，对枝进行缓放或轻短截。

（三）结果枝组的培养与修剪

结果枝组是大樱桃树主要的结果部位，它的分布与配置直接影响到树冠内部的光照、产量和果实品质。在整好树形骨架的基础上，合理布局和管理好结果枝组，才能达到早结果、早丰产、连年丰产和优质的目的。

1. 结果枝组的培养 从树体进入初结果期开始，就应该注重做好结果枝组的培养工作。结果枝组的多少直接影响到产量的多少，因此应适时采取不同手段培养结果枝组。

（1）**单轴延伸式结果枝组** 单轴延伸式结果枝组也称鞭杆式结果枝组，适于对长势缓、易衰弱的中庸侧生枝的培养，以延长其寿命。这种枝组的培养方法主要是采用连续缓放，或连续轻短截培养而成（图8-20，图8-21）。连续缓放的枝条应剪去顶端几个轮生的叶芽，对背上芽采取芽后刻伤或抹除，两侧芽采取芽前刻伤的措施。采用缓放或轻短截后，第一年剪口下能抽生1～2个中、长枝，其余为短果枝或叶丛枝。生长期对中、长枝摘除或第二年春季实行重短截或疏除，将先端疏剪成单轴后再缓放或轻短截，第二年即能形成短果枝和花束状果枝。连续多年后，过于冗长枝可回缩，衰弱枝要短截。幼旺树上多培养这类枝组，可缓和树势，早结果。

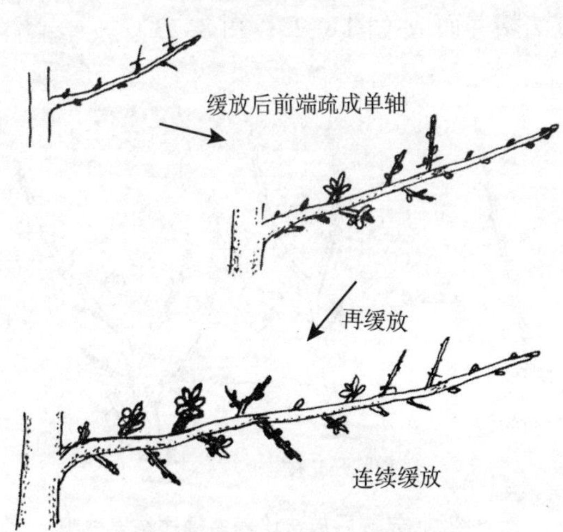

图 8-20 连续缓放法培养
单轴延伸式结果枝组

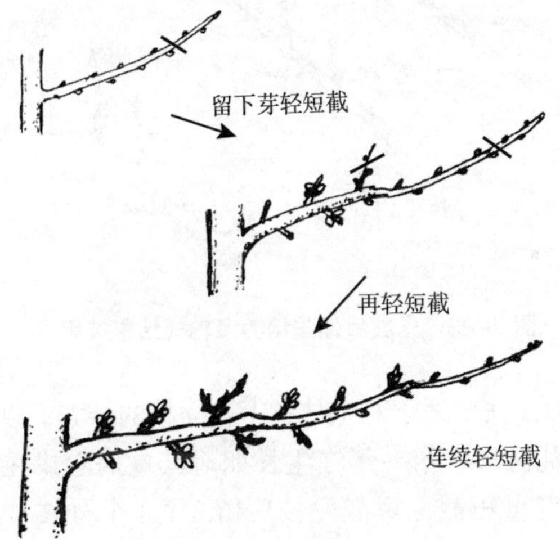

图 8-21 连续轻剪法培养
单轴延伸式结果枝组

（2）**多轴式结果枝组**　多轴式结果枝组是通过先截后放或先放后缩等方法培养而成（图 8-22，图 8-23）。

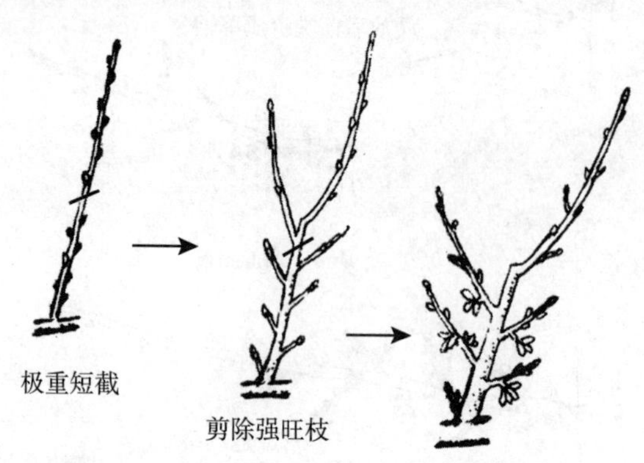

图 8-22　先截后放法培养多轴式结果枝组

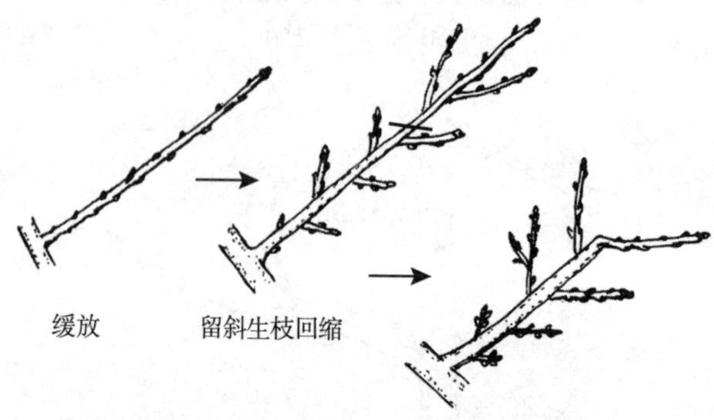

图 8-23　先放后缩法培养多轴式结果枝组

①先截后缩法　适于对主枝背上直立枝的培养，以避免其变成竞争枝扰乱树形。第一年在生长期对其重摘心或在第二年春季中短截或者重短截，短截发枝后留 3～4 个分枝，第二年再将分枝采取去直留斜、去强旺留中庸后缓放，下一年再将直立枝疏除，回缩到斜生枝处的措施，促其形成多轴式紧凑型结果

枝组。

②先放后缩法　适于对长势较强的侧生枝的培养。第一年缓放不剪，第二年回缩到斜生的中、短枝处，以后每年都注意回缩到中、短枝处，多年结果后表现衰弱时可对中长枝进行中短截。

2. 结果枝组的配置　结果枝组的配置合理与否，将直接影响到树体的通风透光条件、果品质量和产量，因此从初结果开始，就应该注重对结果枝组的培养和配置。

结果枝组应根据其在树冠内的不同位置、在主枝上的不同位置，以及主枝的不同角度等进行配置。分布在各部位的结果枝组应是大、中、小合理搭配，大枝组不超过 20%，以便充分利用有限空间，主要应该以中型的且是侧生的结果枝组为主。

（1）根据树冠的不同位置配置　树冠的上半部应以配置小型结果枝组为主，以中型结果枝组为辅，树冠的中下部应以配置中、小型结果枝组为主，以大型结果枝组为辅。

（2）根据主枝的不同位置配置　主枝的前部应配置小型结果枝组，而且枝组间距要大些。中后部应配置中、大型结果枝组，背上枝组要小而少些，两侧枝组要大而多些。

（3）根据主枝的角度和层间距配置　主枝的角度大、层间距大应配置中、大型结果枝组，而且数量要多；相反，角度小、层间距也小的应配置中、小型结果枝组，而且数量不宜过多。

（4）根据树形配置　自然开心形和主干疏层形，应以配置中、小型结果枝组为主，大型结果枝组的数量不应超过 20%，而且应配置在主枝的两侧。自由纺锤形和 KGB 形，因其主枝是单轴延伸，结果枝或枝组直接着生在主枝上，所以应以配置小型结果枝组为主。

3. 结果枝组的修剪　一个结果枝组的形成直至连续结果，是一个发展、保持和更新的过程，要使结果枝组维持较长的结果寿命，必须通过修剪手段来保持其长久中庸不衰的生长势。

（1）生长势较强的结果枝组 如果处在有发展空间的条件下，可以中短截延长枝，使其再扩枝延伸发展。无发展空间的，可以疏除中、长枝，或在生长期对中、长枝连续轻摘心，使其保持中庸状态存在于有限空间内。

（2）生长势较弱的结果枝组 应注意短截延长枝，回缩下垂枝和细弱枝，本着去弱留强的原则进行。

（四）结果期树的修剪

无论采用哪种树形栽培，经3～4年的整形培养，都可如期进入结果期。结果期树的修剪任务主要是保持健壮的树势，多结果而不早衰，结果寿命长，连年丰产稳产。

1. 初结果期树的修剪 初结果期树的主要修剪任务是继续完善树形的整理，增加枝量；重点培养结果枝组，平衡树势，为进入盛果期创造条件。

进入初结果期的树开始由营养生长向生殖生长转化，但树势仍偏旺，在树冠覆盖率没有达到75%时，仍需要短截延伸，扩大树冠，在扩冠的基础上稳定树势，利用好有限空间；对已达到树冠体积的树，要控势中庸，对枝条应以轻剪缓放为主，促进花芽分化，还应注意及时疏除徒长枝和竞争枝，保持各级骨干枝合理分布，保持中庸健壮的树势。

2. 盛果期树的修剪 进入盛果期的树，在树体高度、树冠大小基本达到整形的要求后，对骨干延长枝不要继续短截促枝，防止树冠过大，影响通风透光。盛果期还应注意及时疏除徒长枝和竞争枝，以免扰乱树形。

正常管理条件下，果树经过2～3年的初果期，即可进入盛果期。在进入盛果期后，随着树冠的扩大、枝叶量和产量的增加，树势由偏旺转向中庸，营养生长和生殖生长逐渐趋于平衡，花芽量逐年增加，此期的主要修剪任务是保持树势健壮，促使结果枝和结果枝组保持较强的结果能力，延长其经济寿命。

大樱桃大量结果之后，随着树龄的增长，树势和结果枝组逐渐衰弱，特别是较细的中、短结果枝和花束状结果枝易衰弱，结果部位易外移，此时在修剪上应采取回缩更新促壮措施，保持树体长势中庸。骨干枝和结果枝组的缓放或回缩，主要看后部结果枝组和结果枝的长势以及结果能力，若后部的结果枝组和结果枝长势良好，结果能力强，则可缓放或继续选留壮枝延伸；若后部的结果枝组和结果枝长势弱，结果能力开始下降时，则应回缩。在缓放与回缩的运用上，一定要适度，做到缓放不弱，回缩不旺。

3. 衰老期树的修剪　大樱桃一般在30～40年之后便进入衰老期，进入衰老期的树，树势明显衰弱，产量和果实品质也明显下降，这之前应有计划地及时进行更新复壮。

修剪的主要任务是培养新结果枝组，采取回缩的措施，回缩到生长势较粗壮的分枝处，并抬高枝头的角度，增强其生长势。对要更新的大枝，应分期分批进行，以免一次疏除大枝过多，削弱树冠的更新能力。同时，结合“去弱留强、去远留近、以新代老”的措施，还要利用好潜伏芽，并对内膛的徒长枝重短截，促进多分枝，来培养新的主枝或结果枝和结果枝组，达到更新复壮的目的。

4. 不同品种树的修剪　不同品种的大樱桃，其整形修剪各具特点。枝条易直立、生长势强旺的品种，应适当轻剪缓放，不宜短截过重或连续短截；枝条易横生、长势不旺的品种，应以适当短截为主，不宜过早缓放或连续缓放。

第一，以红灯、美早为代表的品种，枝条较直立，生长势较强，在修剪上应多采用轻剪缓放，少短截，加大主枝角度，来增加短果枝和花束状果枝的数量。

第二，以佳红为代表的品种，枝条较横生，树姿较开张，生长势不强旺，在修剪上应适当短截，在短截的基础上进行缓放，还应注意下垂枝的回缩，防止树势衰弱和结果部位外移。

第三，以拉宾斯、先锋为代表的短枝型品种，枝条生长量较小，易形成短果枝和花束状结果枝，树势容易衰弱，在修剪上应多短截，促进发枝，防止结果过多，造成树势衰弱。

5. KGB 树形的修剪 每年注意疏除交叉的主枝和侧枝，对有花的 1 年生侧枝留 7 厘米左右齐花剪，疏除齐花剪形成的光秃枝。为了保持树体具有旺盛的结果能力，每 2 ～ 3 年应对主枝进行 1 次轮流更新，选择最大的主枝留 25 厘米左右进行更新，更新任何主枝时不可以影响产量（一次只可以更新一个基桩）。更新时要将一个基桩上的所有主枝一同更新，以保证新发出的主枝的生长势的一致性，如果不一致，则应去掉最强旺的和最细弱的。如果主枝的基部出现黄叶表明光照不好，则应在树冠内膛适当疏除 1～2 个主枝以打开光路。每年轻短截所有新梢，剪掉 1/3 左右，防止结果部位外移。

6. 移栽树的修剪 生产中，常遇到缺株补植或密植间移问题，特别是需要异地移栽结果大树时，就涉及对移栽大树如何正确实施修剪技术，才能保证成活率的问题。对移栽树除了减轻起树时对根系的伤害，异地运输中保证根系不失水抽干，以及栽后适时勤浇水外，重要的就是进行适度修剪，保证树体缓势快、生长快。

移栽树的修剪原则：伤根重则修剪重，伤根轻则修剪轻，树冠大的修剪重，树冠小的修剪轻；疏除所有的竞争枝和徒长枝，目的是保持树冠和根系生长的相对平衡。

修剪的时间应在萌芽前进行，修剪后对伤口及时涂抹杀菌剂。

（1）移栽结果幼树的修剪 移栽结果幼树时，因树冠小而根系分布范围也小，起树时不容易断根很多，所以可以适当轻剪。先中短截中心干延长枝，主枝延长枝留外芽或两侧芽轻短截，侧生分枝超过主枝长的 1/3 以上要进行回缩，主干和主枝上的竞争枝和徒长枝一律疏除。

（2）**移栽结果大树的修剪**　移栽的结果大树，因树冠大而根系分布范围也大，起树时不容易保留完整的根系，断根很多，所以应当重剪。应着重回缩主枝和结果枝组，或中短截所有的主、侧枝的延长枝，注意留一斜生的分枝带头生长，还要疏除所有的竞争枝和徒长枝，所有的发育枝也应重短截或疏除，树冠过高还应落头。

四、整形修剪常见问题与解决方法

大樱桃树的整形修剪相对其他果树的整形修剪较难，生产中存在的问题很多，整形修剪技术实施及时和很到位的大樱桃树，树形规范，树体透光通风，栽后 4～5 年就可以进入丰产期，而且果实品质好、果个也大。整形修剪技术很差的大樱桃树，树形紊乱，树冠郁闭，5～7 年仍不结果，或很少结果，严重影响树体的生长发育和生产效益。因此，对在整形修剪中出现的各种问题应及时采取相应对策。

（一）整形方面

1. 树形紊乱　树形紊乱的原因主要是不注重树形的合理布局，忽视树形对丰产优质的重要性，整形修剪技术不到位。尤其是不注重生长季的整形修剪，没有及时处理竞争枝、徒长枝和延长枝，形成多主枝密挤树、掐脖树等；还有的冠内竞争枝、徒长枝多，形成“树上树”，主从不分，干性弱；还有的前期拉枝，后期不拉，造成上部枝直立，下部枝抱头，形成抱头树；还有的先期按预定的树形结构整形，后期放弃整形，形成无形树、偏冠树等。对这样的树形，应从幼树期就注意及时整形。一旦出现上述问题，应及时采取疏、缩、截、拉等措施改造处理（图 8–24 至 8–27）。

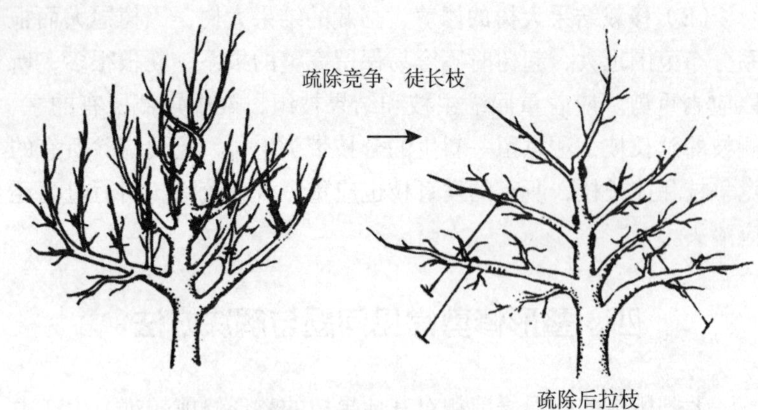

图 8-24 多枝树的处理

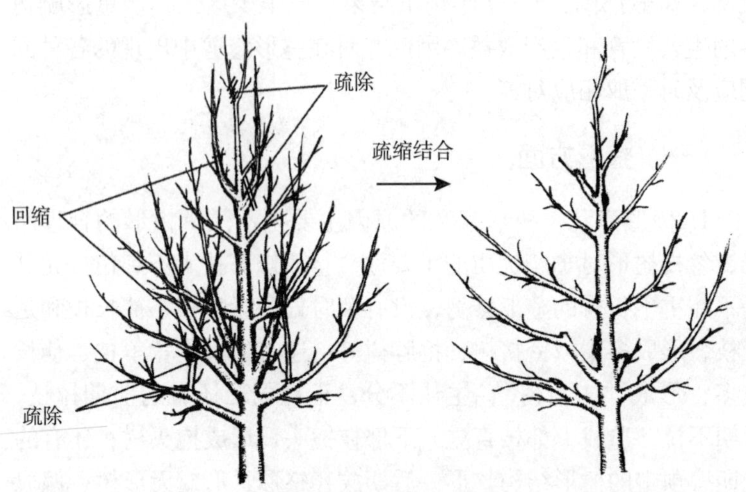

图 8-25 掐脖树的处理

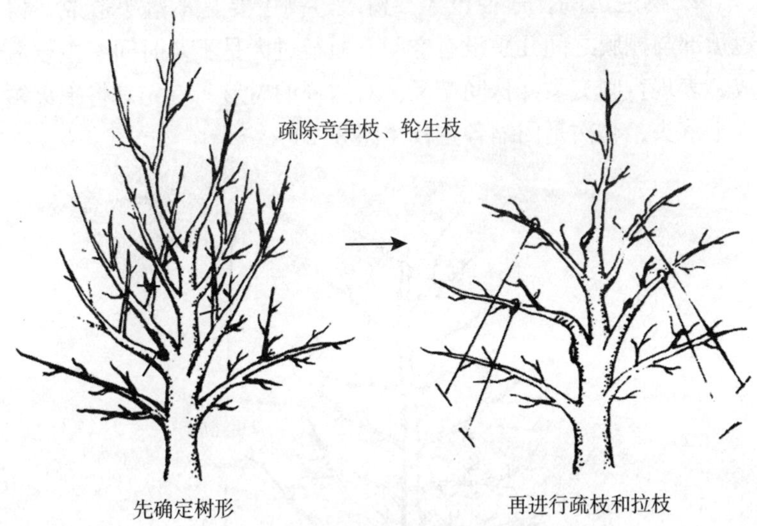

图 8-26　无形树的处理

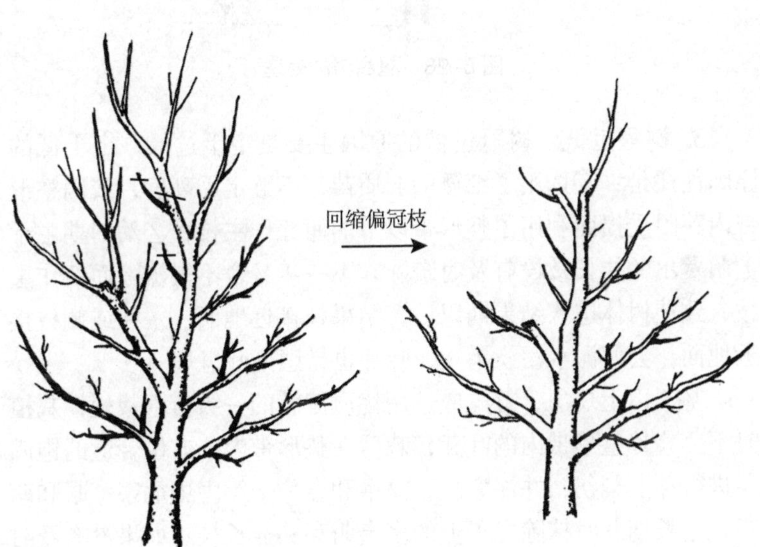

图 8-27　偏冠树的处理

2. 树冠过高，冠径过大　树冠过高主要是不落头造成，树冠顶部与棚膜之间几乎没有空间。冠径过大是不及时回缩主枝造成，表现行间交叉，株间交叉。对这样的树形，首先是将中央领导干落头，其次是回缩各主枝（图 8–28）。

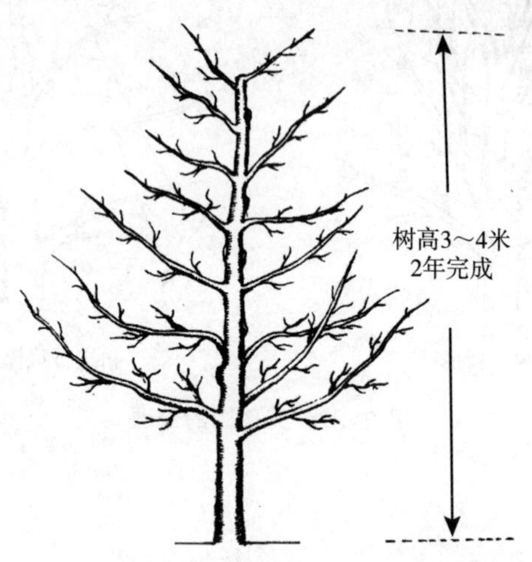

图 8–28　超高树的处理

3. 树冠过低　树冠过低的原因主要是定干过低，定干低的原因往往是：①选用了细矮的弱质苗，不够定干高度，或因整形带内芽眼受损而利用了整形带以下的萌芽作主枝；②幼树期主干上萌发出的徒长枝没有及时疏除，下一年又舍不得疏除而留作主枝，致使树体进入结果期以后，结果枝接近地面。主枝或侧枝接近地面，会使泥水污染果实，叶片也易感染叶斑病。

基于以上现象，首先应选用优质健壮的一级苗木栽植，栽植时不要碰掉整形带内的叶芽，栽后在整形带内选方位合适的饱满芽进行芽上刻伤，并注意防止象甲和金龟子等害虫危害芽眼和萌芽。生长期及时抹除主干上的多余萌芽和徒长枝。如果没有及时处理而形成低垂枝，可采取撑、缩、疏的办法解决。

（二）修剪方面

修剪方面存在问题比较多，需要重点规范。

1. 短截过重　短截过重的现象多发生在幼树至初结果期，往往是种植者急于让树体快速成形，对于幼树各延长枝，不管枝条长短逢头必截，还多采取中短截或重短截修剪方法，剪去枝长的 1/2 或 2/3，导致满树旺枝、密生枝，造成树势过旺。尤其是对枝条有直立生长特性的品种，短截的越重越多，以上症状表现越明显，以致该结果时不结果或很少结果。为避免这类现象发生，应在树体达到一定枝量后不要再进行重短截，而是采取适度中短截、轻短截或缓放的修剪方法。

2. 轻剪缓放过重　轻剪缓放过重也多发生在幼树至初结果期，往往是种植者急于让果树提早结果，对延长枝长放不剪或轻剪。尤其是对枝条有直立生长特性的品种，不拉枝、不疏梢头枝、不进行相应部位的刻芽，结果使枝条直立，结果枝外围多、内膛少；或者对枝条有横生特性的品种幼树，过早缓放和连续缓放，虽然使其结果早，但会造成过早形成小老树。

短截过重和轻剪缓放过重问题，都是因为对修剪技术应用不正确引起的。正确的修剪措施是适度短截延长枝，及时疏除竞争枝和徒长枝，缓放要与拉枝、刻芽相结合，达到扩冠、结果两不误。

3. 剪锯口距离、角度和方向不合理

（1）剪口　很多果农在修剪时不注意剪口与剪口芽的距离、角度和方向，剪后出现干橛，或削弱剪口芽生长势，或枝条直立向上生长等现象。

若剪口离剪口芽太远，芽上残留部分过长，则伤口不易愈合而形成干橛；若离得太近，则易伤芽体，也易削弱剪口芽的长势。若剪口太平，则不利于伤口愈合；若剪口削面太斜，伤口过大，更不利于伤口愈合。正确的剪口是剪口稍有斜面，呈马蹄形，斜面上方略高于芽尖，斜面下方略高于芽基部。这样，伤面

小，易愈合，有利于发芽抽枝。

剪口芽的方向是根据所留剪口芽的目的而定，剪口芽的方向可以调节枝条的角度及枝条的生长势。中心干上的剪口芽应留在上年剪口枝的对面；主、侧枝延长枝如果角度小，应留下芽（外芽），加大角度；相反，枝条角度大或下垂应留上芽，抬高枝的角度（图 8–29）。

图 8–29　剪口角度和方向

1. 倾斜 30° 角　2. 角度大留上芽　3. 角度小留下芽

（2）**锯口**　很多果农至今还应用老式手锯，锯口呈毛茬状，粗糙不光滑，会影响锯口愈合；有的果农不注意锯口角度，出现留桩太高或伤口太大，或锯成对口伤，或撕劈树皮及木质部等问题，这些都直接影响伤口的愈合，对树体伤害较大。正确的锯法是，锯口光滑平整不得劈裂，上锯口紧贴母枝基部略有斜面，呈椭圆状（图 8–30），锯后涂抹杀菌剂或保水愈合剂。为了防止劈裂，可在被锯枝的基部背下先锯一道锯口，然后再从上向下倾斜锯除。手锯要更换平刃锯。

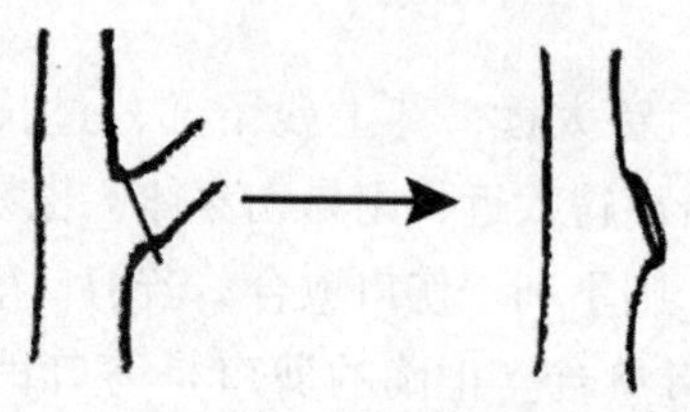

图 8–30　锯口角度

4. 采收后修剪过重　保护地大樱桃的修剪问题与露地樱桃一样，所不同的是采收后的修剪程度。促早熟栽培大樱桃的生长期较露地提前2～4个月，也就是说，树体提前2～4个月完成了生殖生长，但是离落叶和休眠还差2～4个月，树体还继续处在生长季节里，这就使树体的上部易抽生大量的徒长枝和竞争枝。如果对这些在采收后形成的徒长枝或竞争枝不进行修剪，则会影响冠内光照；如果修剪不当，则会造成花芽不同程度地开放；如果一律疏除，或对结果枝短截过多或过重，则会造成花芽大量开放，致使下一年严重减产。

很多果农对保护地大樱桃的修剪方法和露地一样，萌芽前修剪一次，再就是等到果实采收后修剪1次，经常导致采后开花现象，且这种现象普遍存在。除了因叶斑病和二斑叶螨危害严重，造成落叶而导致采后开花之外，修剪不当也是造成采后开花的主要原因。

因此，对保护地大樱桃的修剪，应重在花后至采收前，采收后的6～8月份只要少量疏除树体上部多余的发育枝就可以了。一定要保留一部分发育枝，俗称留“跑水条”，留枝量以不影响树体下部光照为宜，留下的发育枝可在翌年萌芽前疏除（图8-31）。对结果枝和结果枝组更要在采收前修剪好，采收后尽量不剪或轻剪，防止采收后开花。

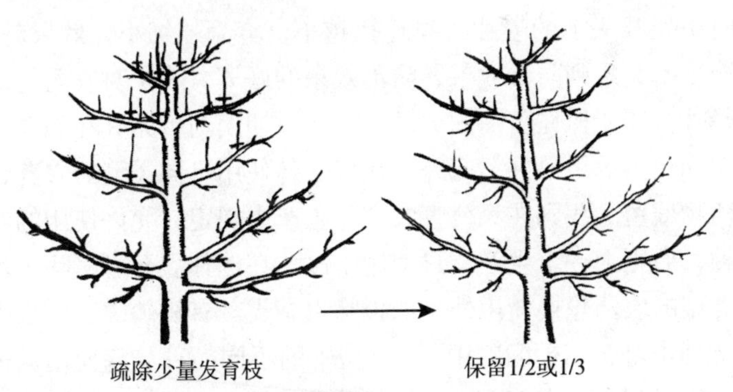

图8-31　保护地采收后修剪方法

第九章

病虫害与缺素症的防治

樱桃园的病虫害防治原则：一是要加强果园的综合管理，使树体通风透光和提高树体的营养水平，减少或抑制病虫害的发生；二是加强预测预报工作，适时采取综合防治措施，做到及早发现、及早治疗；三是选用低毒、低残留农药品种。随着农药工业的发展，农药品种不断更新，一些高效低毒低残留的农药品种的防治效果明显优于老品种，如防治刺吸式口器害虫的吡虫啉，其有效成分用量只有氧化乐果的 1/40，防治叶螨的阿维菌素有效成分用量只有三氯杀螨醇的 1/56。

喷药时力求做到枝干和叶片均匀着药，尤其是叶背面也要均匀喷施。喷药时喷头不能离枝叶太近，距离应在 50 厘米左右，距离近时，雾滴大影响喷药效果。喷药时还应提高喷雾器压力和及时更换喷头上的喷片，喷片孔越小，雾滴越细小，效果越好。喷药技术关系到防治效果，防治效果的好坏，除了对农药的对症选择外，还要抓住防治的关键时期，适期用药，尤其在病虫害发生初期用药效果最好。此外，还应交替使用不同类型的农药，减少药物残留。我国在无公害农产品生产中规定，允许使用的农药品种，原则上一个生产季只使用 1 次。在选择农药时，除了用不同类型的农药轮换使用外（如拟除虫菊类、有机磷类、昆虫生长调节剂类等），还可以用同一类型中的不同品种交替使用，这样就可以做到一种农药在一个生长季节使用 1 次，而且不会造成农药残留超标。另外，农药交替使用还可以延缓病虫害对农药产生抗药性。

在病虫害防治工作中，还应大力提倡和推广使用生物源、植物源、矿物性和特异性农药。此类药物不但对人畜毒性较低，而且在植物体内容易降解，无残留，对环境无污染，对天敌类的昆虫比较安全，是生产优质无公害果品的首选农药，应该在樱桃生产中大力推广使用。

生物源农药：如硫酸链霉素、中生菌素、嘧啶核苷类抗菌素（农抗120）、多抗霉素、浏阳霉素、苏云金杆菌、阿维菌素、芽孢杆菌等。

植物源农药：如除虫菊素、苦参碱、鱼藤酮、绿保威（果疏净）、烟碱、辣椒水等。

无机或矿物性农药：如石硫合剂、石硫矿物油、波尔多液、碱式硫酸铜、多硫化钡、柴油乳剂等。

动物源与特异性农药：如灭幼脲3号、蛾螨灵、氟啶脲、除虫脲、杀铃脲、氟虫脲、抑食肼、噻嗪酮等。

病虫害的防治：一是要重视清园，清园也就是在树体萌芽前，彻底清除地面和树上的枯枝落叶，将其带出园外处理；二是重视树体发芽前的施药，树体发芽前无叶片遮挡，害虫和病菌容易接触药剂，易于杀死越冬害虫和病菌。发芽前喷药还能节省农药和用工量，因此，在萌芽前必须喷1次5波美度石硫合剂，或45%晶体石硫合剂30倍液，或70%多硫化钡可溶性粉剂80倍液，或30%石硫·矿物油微乳剂500倍液。

一、病虫害防治

（一）病害防治

1. 叶斑病　主要危害樱桃叶片。

（1）**症状** 发病初期形成针头大的紫色小斑点，随后扩大，有的相互接合形成圆形褐色病斑，上生黑色小粒点，最后病斑干燥收缩，周缘产生离层，常由此脱落成褐色穿孔，边缘不明显，多提早落叶。

（2）**传播途径** 病菌在被害叶片上越冬，第二年温湿度适宜时产生子囊和子囊孢子，借湿气流动或水滴传播侵染叶片。此病在7～8月份发病最重，可造成早期落叶，落叶严重的会导致树体在8～9月份产生开花现象，或露地越冬期遭受严重的冻害。发病的轻重与树势强弱、降雨量、管理水平等有关。树势弱，雨量多而频繁，地势低洼，排水不良发病重。保护地樱桃园还经常因为在撤棚膜期间放风锻炼的时间不足而发病重。

（3）**防治方法**

①农业防治 加强综合管理，改善通风透光条件，增强树势，提高树体抗病能力。树体萌芽前彻底清除枯枝、落叶，剪除病枝，予以深埋，消灭越冬菌源。

②化学防治 发芽前喷1次5波美度石硫合剂，或30%石硫·矿物油微乳剂500～600倍液；田间湿度大时喷25%戊唑醇可湿性粉剂1000～1500倍液，结合叶面喷施含有氨基酸和壳聚糖营养成分的有机肥2～4次。进入雨季时，还可喷施1∶2∶200～240石灰倍量式波尔多液，或80%碱式硫酸铜可湿性粉剂600～800倍液，可有效控制叶斑病的发生。

2. 灰霉病 该病主要危害幼果、叶片或成熟果实。

（1）**症状** 初侵染时病部水渍状，果实变褐色，后在病部表面密生灰色霉层，果实软腐，并在表面形成黑色小菌核（图9-1）。

（2）**传播途径** 病菌以菌核及分生孢子在病果上越冬，樱桃展叶后随水滴、雾滴和湿气的流动传播侵染。

（3）**防治方法**

①农业防治 及时清除树上和地面的病叶病果，集中深埋。

②化学防治 发芽前喷1次5波美度石硫合剂，或30%石硫·矿物油微乳剂500～600倍液；落花后田间湿度大时，及时喷布50%腐霉利可湿性粉剂2000倍液，或25%啶菌噁唑（菌思奇）乳油1000倍液，或80%代森锰锌可湿性粉剂700～800倍液。结合喷杀菌剂加入氨基酸类营养剂。

3. 根瘤病 樱桃根瘤病，也称根癌病。该病主要发生在根颈、根系上及嫁接口处。

（1）症状 发病初期，病部形成灰白色瘤状物，表面粗糙，内部组织柔软，为白色。病瘤增大后，表皮枯死，变为褐色至暗褐色，内部组织坚硬，木质化。根瘤大小不等，直径大者5～6厘米，小者2～3厘米。病树长势衰弱，产量降低（图9–2）。

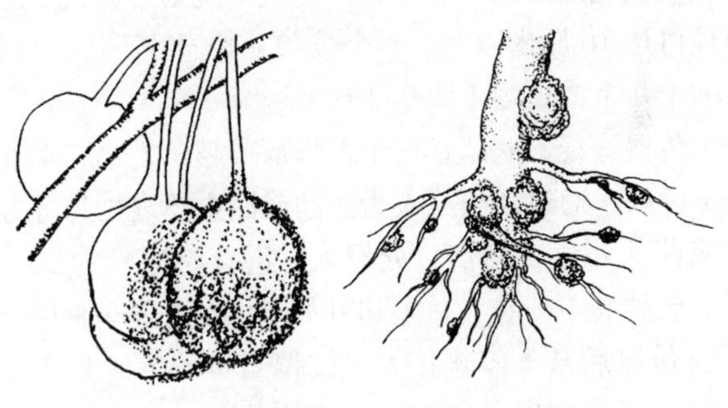

图9–1 灰霉病　　图9–2 根癌病

（2）传播途径 病原细菌在病组织中越冬，大都存在于根瘤表层，当根瘤外层被分解以后，细菌被雨水或灌溉水冲下，进入土壤，通过各种伤口侵入寄主体内。传播媒介除水外，还有昆虫。土壤湿度大、通气性不良有利于发病。地温在18～22℃时最适合根瘤的形成。中性和微碱性土壤，较黏性土壤发病轻，菜园地常发病重。此外，发病轻重还与砧木品种有关。

（3）防治方法

①农业防治 选用抗病力较好的兰丁、ZY–1、吉塞拉等作

砧木。选择中性或微酸性的沙壤土栽植，多施有机肥，提高土壤透气性。选用无根瘤的苗木栽植。

②化学防治　苗木栽植前用根癌宁（K84）生物农药 30 倍液蘸根 5 分钟，或用 0.5～1 波美度石硫合剂蘸根（蘸后立即栽植以免烧根）。

4. 枝干癌肿病（冠缨病、枝干瘤） 枝干癌肿病主要危害枝干。该病是樱桃树上近年来发生的一种细菌性病害。病害发生严重的果园，病株率和病枝率达 90% 以上，导致树势衰弱，产量降低，以致逐年枯死。

（1）症状 初期病部产生小突起，暗褐色略膨大，分泌树脂，逐渐形成肿瘤，表面粗糙成凹凸不平状，木栓很坚硬，色泽逐渐变成褐色至黑褐色。肿瘤近球形或不规则形，大小不一，最大的直径可达 10 厘米以上。一个枝条上肿瘤数不等，少的 1～2 个，多的十几个或更多（图 9–3）。

（2）传播途径 病菌在枝干发病部位越冬，第二年春季病瘤表面溢出菌脓，通过风雨或人为活动或昆虫体表携带等方式进行传播。病菌从叶痕处和伤口处侵入。潜育期通常为 20～30 天。枝干上的老肿瘤一般在 4 月上旬开始增大，在 7～8 月份增大最快，11 月份以后基本停止扩大。枝梢当年发生的新病瘤，一般在 5 月下旬开始出现，6～7 月份发生最多。该病在管理粗放、叶斑病严重且造成早期落叶的樱桃园发生严重。此外，冬季冻害、夏季高温灼伤与秋季大青叶蝉等害虫危害，致使枝干皮层受伤害时发生也较重。在调查中还发现，以中国樱桃作砧木的果园发生严重。

（3）防治方法

①农业防治　加强果园肥水管理，使树体健壮，提高树体抗病、抗寒能力。特别是要及时防治叶斑病和大青叶蝉等病虫害，防止病菌从叶痕处和伤口处侵染。剪除病枝，予以集中深埋或烧毁。

②化学防治　萌芽前及时喷布5波美度石硫合剂，或30%石硫·矿物油微乳剂500～600倍液。在根瘤中的病菌传播以前，用刀割除根瘤，再涂以80%乙蒜素乳油50倍液。发病期喷施72%硫酸链霉素或90%新植霉素可溶性粉剂3000倍液。

5. 细菌性穿孔病　樱桃细菌性穿孔病主要危害叶片、新梢和果实。

（1）症状　叶片受害后，初呈半透明水渍状的淡褐色或灰白色小斑点，后扩大成圆形、多角形或不规则形病斑，直径为1～5毫米，紫褐色或黑褐色，周围有一个淡黄色晕圈。湿度大时，病斑后面常溢出黄白色黏质状菌脓，病斑脱落后形成穿孔（图9-4）。

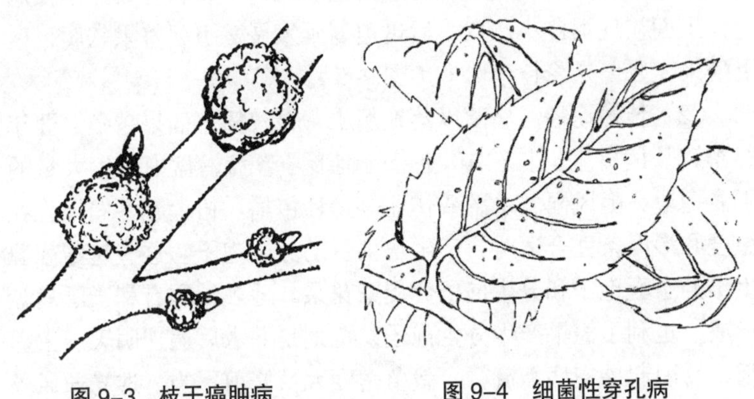

图9-3　枝干癌肿病　　图9-4　细菌性穿孔病

（2）传播途径　病菌在落叶或枝梢上越冬。病原细菌借湿空气流动及昆虫传播。一般园内湿度大、温度高，春、夏雨季或多雾时发病重，干旱时发病轻。通风透光差，排水不良，肥力不足，树势弱，或偏施氮肥，则发病重。

（3）防治方法

①农业防治　加强综合管理，改善通风透光条件，增强树势，提高树体抗病能力。萌芽前彻底清除枯枝、落叶，剪除病

枝，将其深埋或烧毁，消灭越冬菌源。

②化学防治　发芽前喷1次5波美度石硫合剂，或30%石硫·矿物油微乳剂500～600倍液，或45%晶体石硫合剂30倍液；花后及时喷72%硫酸链霉素可溶性粉剂3000倍液，或90%新植霉素可溶性粉剂3000倍液；采果后若有发生，可喷1∶1∶100硫酸锌石灰液，均有良好的防治效果。

6. 褐腐病　樱桃褐腐病，又称灰星病，是引起樱桃果实腐烂的重要病害。

（1）症状　主要危害花和果实。花的腐烂要到落花以后才发现，花器变褐色、干枯，形成灰褐色粉状分生孢子块。果实发病时，幼果和成熟果症状不同。幼果发病时，在落花10天后，果面发生黑褐色斑点，后扩大为茶褐色病斑，不软腐。成熟果发病时，果面初现褐色小斑点，后迅速蔓延发展，引起整果软腐，树上病果变成僵果悬挂于树上（图9-5）。

（2）传播途径　病菌以落地病果菌核及树上僵果越冬。翌年春季，从菌核生出长约10厘米的碗形子囊盘，盘中产生大量的子囊孢子，随风雨、水滴或作业等途径传播。树上越冬僵果，在温度和湿度条件合适时，产生灰褐色的分生孢子。这些越冬菌源生出的子囊孢子和分生孢子会侵染花朵。地表湿润有利于子囊盘形成，也利于僵果产生分生孢子，特别是灌水后遇连阴天、大雾天，易引起果实病害流行。栽植密度大及修剪不当、透光通风条件差，则发病重。

（3）防治方法

①农业防治　合理整形和修剪，改善通风透光条件，避免湿气滞留。

②化学防治　发病时喷50%腐霉利可湿性粉剂2000倍液，或80%代森锰锌可湿性粉剂800倍液。

7. 煤污病　主要危害叶片，也危害枝条和果实。

（1）症状　叶面染病时，叶面初呈污褐色圆形或不规则形的

霉点，后形成煤灰状物，严重时可布满叶、枝及果面，影响光合作用，造成提早落叶（图 9–6）。

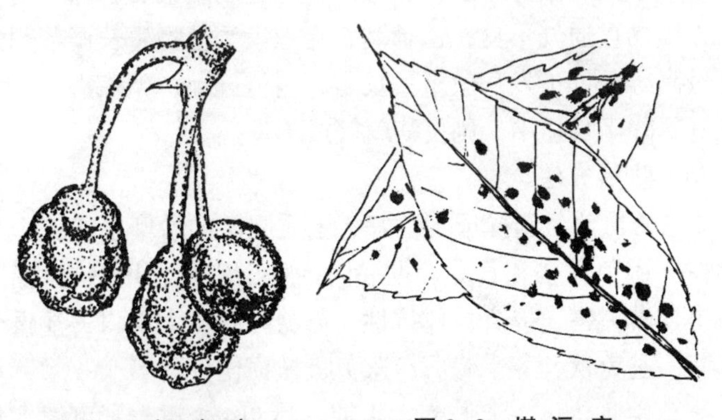

图 9–5　褐 腐 病　　　图 9–6　煤 污 病

（2）**传播途径**　以菌丝和分生孢子在病叶上、土壤内或植物残体上越冬，分生孢子借湿气流动、水滴等传播蔓延。树冠郁闭，通风透光条件差、湿度大易发病。煤污病为保护地覆盖期间常发生的病害，露地栽植密度大、透光通风不良的樱桃园也常发生此病。

（3）**防治方法**

①农业防治　改善通风透光条件，防止园内空气湿度过大。

②化学防治　发生初期喷布 80%代森锰锌可湿性粉剂 800 倍液。

8. 流胶病　主要危害枝干。樱桃流胶病的病原目前尚不清楚，但多数认为是生理性病害。

（1）**症状**　患病树自春季开始，在枝干伤口处以及枝杈夹皮死组织处溢泌树胶。流胶后病部稍肿，皮层及木质部变褐腐朽，腐生其他杂菌，导致树势衰弱，严重时枝干枯死（图 9–7）。

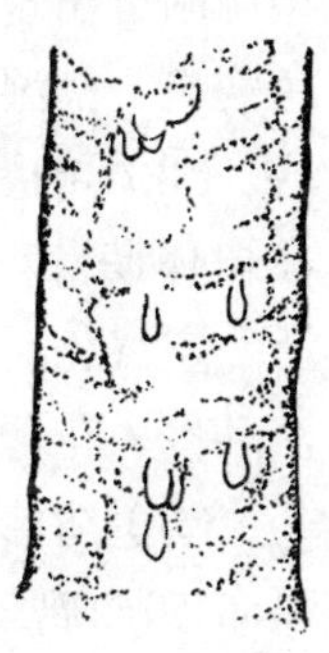

图 9–7　樱桃流胶病

（2）**传播途径**　樱桃流胶病的发生与树势强弱、冻害、涝害、栽植过深、土壤黏重、土壤盐碱严重、霜害、冰雹、病虫危害、施肥不当、修剪过重等有关。树势过旺或偏弱，冻、涝害严重，土壤黏重通气不良，乙烯利、赤霉素等植物生长调节剂使用浓度过高等条件下发病就重；反之，树体健壮，无冻害，土壤通气性好，降雨量适中，则发病就轻或不发病。

（3）**防治方法**

①农业防治　选择透气性好、土质肥沃的沙壤土或壤土栽植樱桃树。避免冻伤和日灼，彻底防治枝干害虫，增施有机肥料，防止旱、涝灾害，提高树体抗性。修剪时减少大伤口，注重生长季修剪，避免秋、冬季修剪，避免机械损伤。

②化学防治　在流胶病发生期，喷2%春雷霉素可湿性粉剂200～400倍液；对已发病的枝干，要及时彻底刮治，并用30倍液氨基酸或壳聚糖类有机液肥涂抹伤口，或用生石灰10份、石硫合剂1份、食盐2份和植物油0.3份加水调制成保护剂，涂抹伤口。

9. 花腐病　主要危害花，也危害幼果和叶片。

（1）**症状**　蕾和花朵染病时，花瓣及子房干枯，呈黄褐色，严重时花柄同时干枯，影响坐果。叶片染病时，在叶尖或叶缘或中脉附近出现红褐色湿润状圆形斑点，很快扩展成不规则形红褐色病斑，潮湿时病部产生白色霉状物。

（2）**传播途径**　病菌在落于地面的花瓣和叶片上越冬，翌年在树体萌芽前10～15天到开花前3～5天，土壤温度达5℃以上、空气相对湿度达30%以上时菌核萌发形成子囊孢子，随空气流动侵入花蕾或花朵。低温寡照和多雨易发病，不清园发病重。

（3）**防治方法**　发芽前清园。花期低温寡照或多雨时，及时喷布50%腐霉利可湿性粉剂2000倍液，或10%多抗霉素可湿性粉剂1000～1500倍液。

10. 立枯病　立枯病又称烂颈病、猝倒病，属苗期病害。主

要危害樱桃砧木苗及多种果树砧木苗。

（1）**症状**　苗染病后，初期在茎基部产生椭圆形暗褐色病斑，病苗白天萎蔫，夜间恢复。后期病部凹陷腐烂，绕茎一周，幼苗即倒伏死亡（图 9–8）。

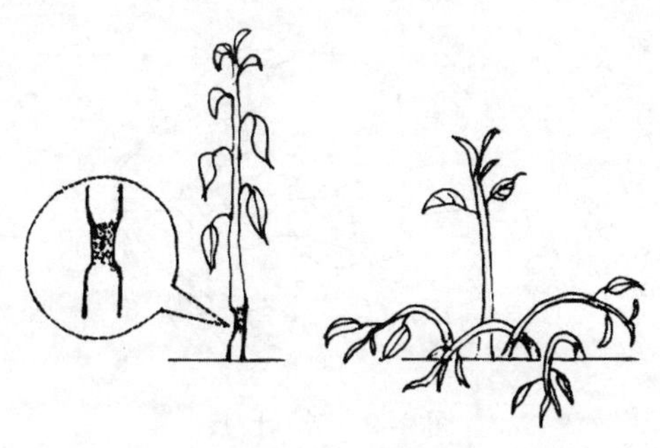

图 9–8　立 枯 病

（2）**传播途径**　病菌在土壤和病组织中越冬，从种子发芽到出现 4～5 片真叶期间均可感病，但以子叶期感病较重。幼苗出土后，遇阴雨天气，病菌迅速蔓延，蔬菜地和重茬地易发病。

（3）**防治方法**

①农业防治　育苗时应选用无病菌的新的地块，或经改良的沙壤土的地块作苗圃地，避免重茬。

②化学防治　播种时使用 0.05% 福锌 · 福美双药土防治，或 70% 甲基硫菌灵等做药土防治。每平方米用药 8～9 克兑土 1 千克。

幼苗发病前期喷药防治，可选用 70% 噁霉灵可湿性粉剂 1 000 倍液；或 50% 福美双可湿性粉剂 500～750 倍液；或 70% 甲基硫菌灵可湿性粉剂 800 倍液喷雾，5～7 天喷 1 次，连喷 2～3 次。

11. 皱 叶 病

（1）**症状**　属类病毒病，感病植株叶片形状不规则，往往过度伸长、变狭，叶缘深裂，叶脉排列不规则，叶片皱缩，常常有淡绿与绿色相间的不均衡颜色，叶片薄、无光泽、叶脉凹陷，叶脉间有时过度生长。皱缩的叶片有时整个树冠都有，有时只在个别枝上出现。该病明显抑制树体生长，树冠发育不均衡，导致花畸形，产量明显下降（图 9–9）。

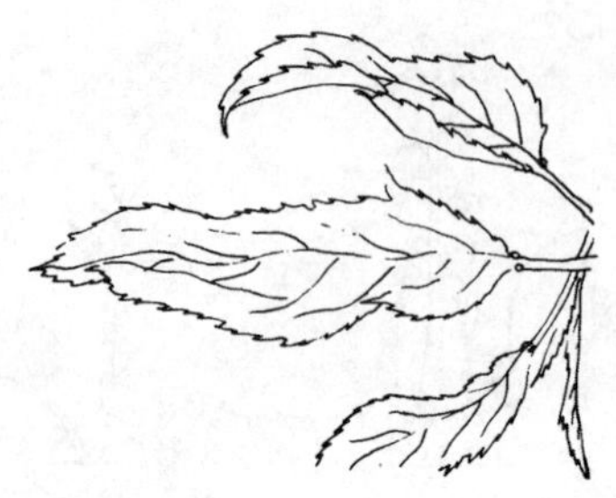

图 9–9　皱 叶 病

（2）**传播途径**　通过嫁接、授粉或昆虫传播。病毒病是影响甜樱桃产量、品质和寿命的一类重要病害。

（3）**防治方法**　对于病毒病和类菌原体病害的防治，应由育苗单位采用热处理或茎尖脱毒方法来繁育脱毒苗。

对于已发病的树目前尚无有效的方法和药剂，根据此类病害的侵染发病特点，在防治上应抓好以下几个环节：①隔离病原和中间寄主。一旦发现和经检测确认的病树，实行标记单独修剪管理的方法，若栽植数量少或处在幼树期应及时予以铲除。②绝对避免用染毒的砧木和接穗来嫁接繁育苗木，防止嫁接传播病毒。因此，繁育甜樱桃苗木时，应建立隔离的无病毒根砧圃、采穗圃和繁殖圃，以保证繁育的材料不带病毒。③不要用带病毒树上的花粉授粉，以免病毒通过花粉传播。④防治传毒昆虫。这些昆虫包括叶螨、大青叶蝉等，有些线虫如长针线虫、剑线虫等也可传播病毒。总之，防治的关键是消灭毒源，切断传播路线。

对已有皱叶病的树，在花期喷施含有花粉蛋白素的营养剂有助于提高坐果率。

（二）虫害防治

1. 二斑叶螨　二斑叶螨，又名二点叶螨、白蜘蛛等，主要危害樱桃、桃、李、杏、苹果等多种果树和其他农作物，寄主广泛。

（1）形态特征　雌成螨为椭圆形，长约0.5毫米，灰白色，体背两侧各有1个褐色斑块。若螨体椭圆形，黄绿色，体背显现褐斑，有4对足。

（2）危害状　二斑叶螨以成螨和若螨刺吸嫩芽、叶片的汁液，喜群集叶背主叶脉附近，并吐丝结网于转移扩散危害，被害叶片出现失绿斑点，严重时叶片灰黄脱落（图9-10）。

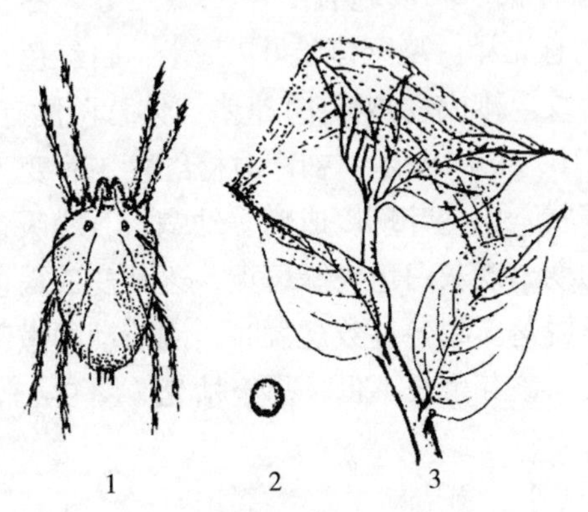

图9-10　二斑叶螨

1. 成螨　2. 卵　3. 被害状

（3）发生规律　1年发生8～10代，世代重叠现象明显。以雌成螨在土缝、枯枝、翘皮、落叶中或杂草宿根、叶腋间越冬。日平均气温达10℃时开始出蛰，温度达20℃以上时繁殖速度加快，达27℃以上时，干旱少雨条件下发生更为猖獗。二斑叶螨危害期是在采果以后，8月份发生严重。从卵到成螨的发育，历期仅为7.5天。成螨产卵于叶片背面。幼螨孵化后即可刺吸叶片汁液，虫口密度大时，成螨有吐丝结网的习性，成螨在丝网上爬行。

（4）防治方法

①农业防治　清除枯枝落叶并将杂草深埋，结合秋春翻树盘松土和灌溉消灭越冬雌虫，压低越冬基数。

②化学防治　在害螨发生期用1.8%阿维菌素乳油4000倍液，或15%辛·阿维乳油1000倍液，或5%甲氨基阿维菌素苯甲酸盐乳油4000倍液防治。无论是哪种药剂，都必须将药液均匀喷到叶背、叶面及枝干上。发生严重时，可连续防治2～3次。

2. 山楂叶螨　山楂叶螨，又称山楂红蜘蛛、红蜘蛛等。主要危害桃、樱桃、苹果等多种果树。

（1）形态特征　雌成螨有冬、夏型之分。冬型长0.4～0.5毫米，朱红色有光泽。夏型体长0.7毫米，暗红色，体背两侧各有一暗褐色斑纹。雄成螨体长0.4毫米，体背两侧有黑绿色斑纹。卵圆球形，0.16～0.17毫米。初产时橙红色，后变为橙黄色。

（2）危害状　山楂叶螨以成螨、幼螨、若螨吸食芽、叶的汁液。被害叶初期出现灰白色失绿斑点，逐渐变成褐色，严重时叶片焦枯，提早脱落。越冬基数过大时，刚萌动的嫩芽被害后，流出红棕色汁液，该芽生长不良，甚至枯死（图9–11）。

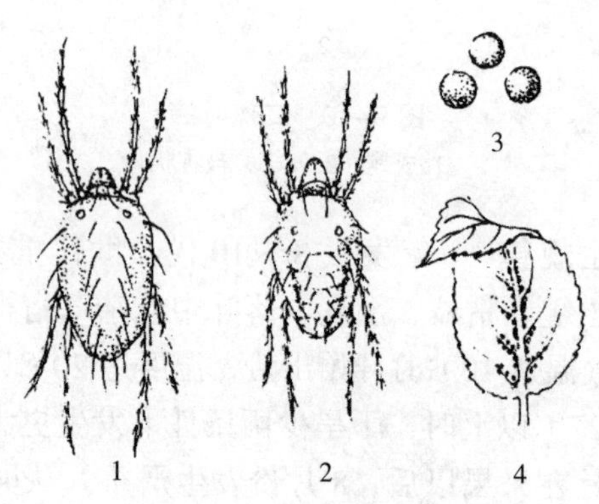

图9–11　山楂红蜘蛛

1. 雌螨　2. 雄螨　3. 卵　4. 被害状

（3）**发生规律** 1年发生6～9代，以受精的雌成螨在枝干老翘皮下及根颈下土缝中越冬。樱桃花芽膨大期开始出蛰，至花序伸出期达出蛰盛期，初花期至盛花期是该虫产卵盛期。落花后1周左右为第一代卵孵化盛期。第二代以后发生世代重叠现象。果实采收后至8～9月份是全年危害最严重时期。至9月中下旬出现越冬型雌成螨。不久潜伏越冬。山楂叶螨常以小群栖息在叶背危害，以中脉两侧近叶柄处最多。成螨有吐丝结网习性，卵产在丝上。卵期在春季为10天左右，夏季为5天左右。干旱年发生重。

（4）**防治方法**

①农业防治 樱桃发芽前，刮掉树上翘皮，带出园外深埋。

②化学防治 花序伸出期喷布24%螺螨酯悬浮剂4000～5000倍液。落花后，每隔5天左右进行1次螨情调查，平均每叶有成螨1～2头要及时喷药防治，可选用5%甲氨基阿维菌素苯甲酸盐乳油4000倍液，或5%唑螨酯悬浮剂1000～1500倍液防治。

3. 桑白蚧 又名桑盾蚧、树虱子。主要危害樱桃、桃、杏等核果类果树。

（1）**形态特征** 雌成虫介壳灰白色，扁圆形，直径约2毫米，背隆起，壳点黄褐色，位于介壳中央偏侧。壳下虫体枯黄色，扁椭圆形无翅。雄成虫介壳细长约1毫米，灰白色，羽化后虫体枯黄色，有翅可飞，眼黑色。卵椭圆形、橘红色，长径约0.3毫米。若虫初孵时体扁卵圆形，长约0.3毫米，浅黄褐色，能爬行。蜕皮后的二龄若虫开始分泌介壳。雄虫蜕皮时其壳似白粉层。

（2）**危害状** 桑白蚧以雌成虫和若虫群集固定在枝条和树干上吸食汁液危害，叶片和果实上发生较少。枝条和树干被害后树势衰弱，严重时枝条干枯死亡，一旦发生而又不采取有效措施防治，则会在3～5年内造成全园被毁（图9-12）。

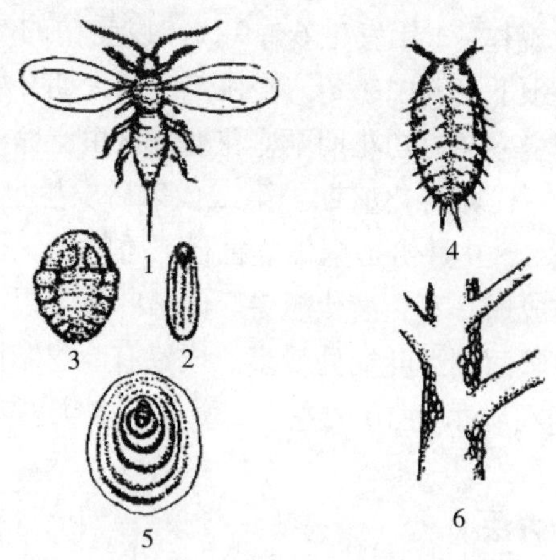

图 9-12　桑 白 蚧

1. 雄成虫　2. 雄介壳　3. 雌成虫腹面　4. 若虫　5. 雌介壳　6. 被害状

（3）发生规律　1 年发生 2～3 代，以受精雌成虫在枝条上越冬，第二年树体萌动后开始吸食危害，虫体迅速膨大，并产卵于介壳下，每头雌成虫可产卵百余粒。初孵化的若虫在雌介壳下停留数小时后逐渐爬出，分散活动 1～2 天后即固定在枝条上危害。经 5～7 天开始分泌出绵状白色蜡粉，覆盖整个体表，随即脱皮继续吸食，并分泌腊质形成介壳。温室内第一代卵在 3 月下旬开始孵化，第二代卵孵化期在 6 月上旬，第三代卵孵化期在 7 月中旬。

（4）防治方法　发芽前喷 5 波美度石硫合剂，或 30% 石硫 · 矿物油微乳剂 500～600 倍液。结合修剪，剪除有虫枝条，或用硬毛刷刷除越冬成虫。采收后喷布 1～2 次 25% 噻嗪酮乳油 1 000～1 200 倍液防治。

4. 卷叶蛾　又称卷叶虫，其种类有苹小卷叶蛾和褐卷叶蛾等。主要危害樱桃花、叶和果实。

（1）形态特征

①苹小卷叶蛾　成虫体长 6～8 毫米，体色棕黄色或黄褐色；

前翅基部褐色，中部有一褐色宽横带。卵椭圆形，长径0.7毫米，淡黄色半透明，数十粒卵排列成鱼鳞状的卵块。幼虫体长13～18毫米，头较小，淡黄绿色，胸腹部绿色。蛹9～11毫米，黄褐色。

②褐卷叶蛾　成虫体长8～11毫米，体表及前翅褐色，后翅灰褐色。卵扁椭圆形，长径0.9毫米，淡黄绿色，数十粒卵排列成鱼鳞状的卵块。幼虫体长18～22毫米，体绿色。蛹9～11毫米，头、胸部背面深褐色，腹面稍带绿色。

（2）危害状　苹小卷叶蛾和褐卷叶蛾以幼虫吐丝缀连嫩叶和花蕾危害，使叶片和花蕾呈缺刻状。幼果期幼虫尚可啃食果皮和果肉。小幼虫危害使果面呈小坑洼状，幼虫稍大后危害果面呈片状的凹陷大伤疤（图9-13，图9-14）。

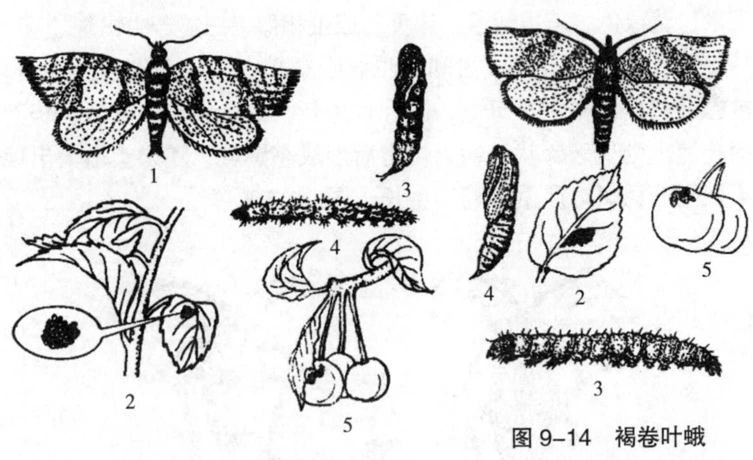

图9-13　苹小卷叶蛾

1.成虫　2.卵块　3.蛹　4.幼虫　5.被害状

图9-14　褐卷叶蛾

1.成虫　2.卵块　3.幼虫　4.蛹　5.被害状

（3）发生规律　1年发生2～3代。以小幼虫在翘皮缝、剪锯口等缝隙中结白色虫茧越冬。花芽绽开时幼虫开始出蛰，初孵化幼虫数头至10余头在叶背中脉附近啃食叶肉。三龄后的部分幼虫爬至两果之间、果叶相接处或梗洼中啃食果肉及果皮。9月中下旬幼虫陆续做茧越冬。成虫有趋光性和趋化性，对果汁液、糖醋液及酒糟水均有较强的趋性。幼虫受触动后立即吐丝下垂。

（4）防治方法

①农业防治　发芽前，彻底刮掉树上翘皮（包括潜皮蛾等害虫危害造成的各种爆皮），刮掉的皮及时烧毁，以消灭越冬幼虫。

②化学防治　发芽前用拟除虫菊酯类杀虫剂1000倍液在剪锯口和翘皮处涂抹，杀死茧中越冬幼虫。发生期喷布5%甲氨基阿维菌素苯甲酸盐乳油4000～5000倍液，或25%灭幼脲3号悬浮剂1500倍液，或20%阿维·灭幼脲可湿性粉剂1500～2000倍液。

5. 绿盲蝽　又称绿椿象、小臭虫，属杂食性害虫。主要危害樱桃、苹果、葡萄等多种果树及蔬菜等。

（1）形态特征　成虫体长5毫米，绿色，卵口袋状，长约1毫米，黄绿色。若虫绿色，体型与成虫相似，三龄若虫出现翅芽。

（2）危害状　以成虫和若虫刺吸嫩梢、嫩叶和幼果的汁液。被害处初出现褐色小斑点，随叶片生长，褐色斑点处破裂，轻则穿孔，重则呈破碎状。幼果被害后形成小黑点，随果实增大出现不规则的锈斑，严重时畸形生长（图9-15）。

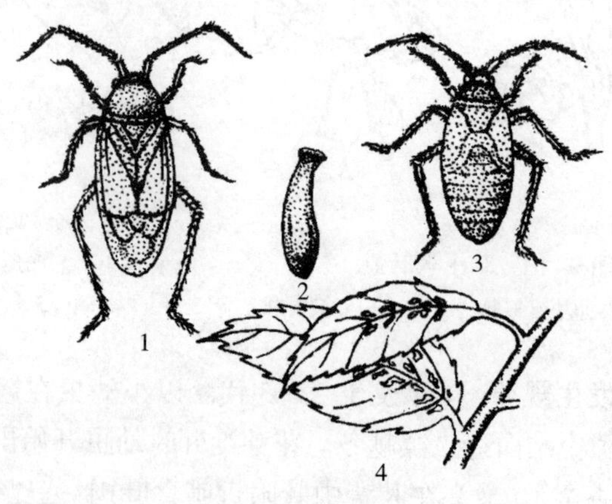

图9-15　绿 盲 蝽

1. 成虫　2. 卵　3. 若虫　4. 被害状

（3）发生规律　1年发生3～5代，以卵在剪锯口、断枝、茎髓部越冬。露地早春4月上旬，越冬卵开始孵化，5月上旬开始出现成虫并产卵繁殖与危害。温室内一般在展叶后开始发生危害。成虫活动敏捷，受惊后迅速躲避，不易被发现。绿盲蝽有趋嫩趋湿习性，无嫩梢时则转移至杂草及蔬菜上危害。

（4）防治方法

①农业防治　清除杂草，降低园内湿度。

②化学防治　发现新梢嫩叶有褐色斑点时，可喷布10%吡虫啉可湿性粉剂3000倍液。

6. 梨网蝽　俗称梨花网蝽、军配虫和麻牛牛。主要危害梨、苹果和樱桃等多种果树。

（1）形态特征　成虫体长3.5毫米，黑褐色。卵椭圆形，一端弯曲，长约0.6毫米，淡黄色，产于叶背组织内，从叶片背面看，只能见到黑色的小斑点（卵的开口处）。若虫与成虫相似，无翅，腹部两侧有刺状突起。

（2）危害状　以成虫和若虫在叶背面吸食汁液，使叶片失绿，正面呈现苍白斑点，叶背布满黑褐色粪便，受害严重时，使叶片变成褐色，造成枯落（图9–16）。

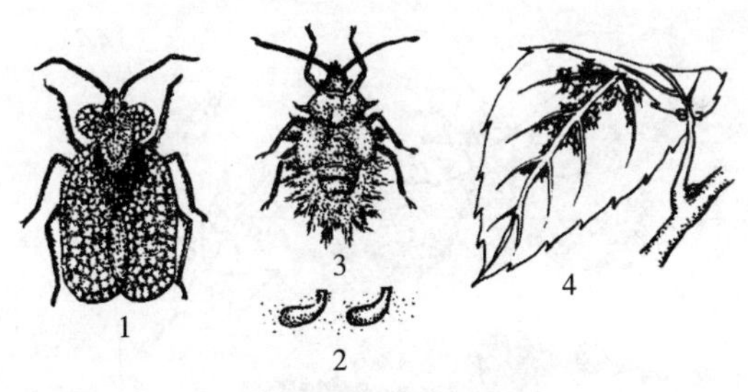

图9–16　梨网蝽

1. 成虫　2. 卵　3. 若虫　4. 被害状

（3）发生规律　1年发生3～4代，以成虫在落叶、树干翘皮裂缝、杂草、土块缝隙中越冬。樱桃展叶后越冬成虫开始出现，产卵于叶片背面叶脉两侧。若虫孵化后群集危害，四龄后分散危害。从6～10月份各虫态都同时存在，以6～8月份发生危害最重。

（4）防治方法

①农业防治　彻底清园，清除落叶杂草、刮除翘皮、清除后翻树盘消灭越冬成虫。

②化学防治　越冬成虫出蛰上树时和第一代若虫全部孵出，而第一代成虫仅个别出现时喷药防治。可喷布10%吡虫啉可湿性粉剂3000倍液。

7. 黄尾毒蛾　又名盗毒蛾。主要危害樱桃、苹果、梨、桃、杏、李等多种果树和林木。

（1）形态特征　成虫体长13～15毫米，体、翅均为白色，腹末有金黄色毛。卵扁圆形，直径约1毫米，数十粒排成卵块，表面覆盖有雌虫腹末脱落的黄毛。幼虫体长30～40毫米，体黑色。蛹褐色，茧为灰白色。

（2）危害状　以幼虫危害新芽、嫩叶，被食叶呈缺刻状或只剩叶脉（图9-17）。

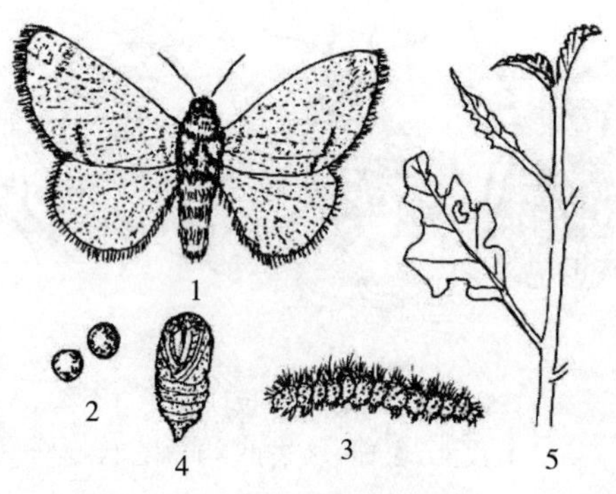

图9-17　黄尾毒蛾

1. 成虫　2. 卵　3. 幼虫　4. 蛹　5. 被害状

（3）**发生规律** 1年发生2～3代。以结灰白色茧的3～4龄幼虫在树皮裂缝或枯叶里越冬。樱桃发芽时，越冬幼虫开始出蛰危害，5月中旬至6月上旬做茧化蛹，6月上中旬成虫羽化，在枝干上或叶背产卵；幼虫孵出后群集危害，稍大后分散。8～9月份出现下一代成虫，产卵孵化的幼虫危害一段时间后，在树干隐蔽处越冬。

（4）**防治方法**

①农业防治 刮除老翘皮，防治越冬幼虫。幼虫危害期进行人工捕杀。

②化学防治 发生数量多时，可喷布1%苦参碱可溶性液剂1000倍液，或7.5%鱼藤酮乳油800倍液防治。

8. 天幕毛虫 又称枯叶蛾，俗称春黏虫、顶针虫。主要危害樱桃、桃、李、杏、苹果、梨等多种果树。

（1）**形态特征** 成虫为雌雄异形。雌蛾体长约20毫米，体褐色。雄蛾体长约16毫米，体黄褐色。卵圆筒形，灰白色，约200粒卵围绕枝梢密集成一环状卵块，状似顶针，越冬后变为深灰色。幼虫体长50～55毫米，体上生有许多黄白色毛。初孵幼虫体黑色。蛹体长17～20毫米，黄褐色，被有淡褐色短毛，外面包有黄白色丝茧，茧上附有粉状物。

（2）**危害状** 以幼虫群集在枝杈处吐丝结网危害叶片，状似天幕。芽、叶被害后残缺不全，叶片集中成片被害，严重时叶片被食光（图9-18）。

（3）**发生规律** 1年发生1代，樱桃展叶后，以完成胚胎发育的幼虫在卵壳中越冬。幼虫从卵壳中钻出，先在卵环附近吐丝张网并取食嫩叶嫩芽。白天潜居网幕内，夜间出来取食。一处叶片食尽后，再移至另一处危害。幼虫期6龄左右，虫龄越大，取食量越大，易暴食成灾。幼虫近老熟时分散危害。幼虫老熟后，在叶背面或杂草中结茧化蛹，蛹期12天左右，羽化后在当年生枝条上产卵。

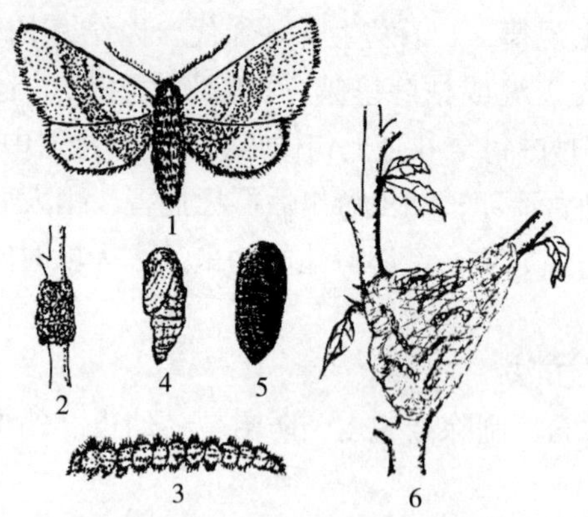

图 9-18　天幕毛虫

1. 成虫　2. 卵块　3. 幼虫　4. 蛹　5. 茧　6. 被害状

（4）防治方法

①农业防治　结合冬剪，剪除卵环带出园外深埋或烧毁。在幼虫危害期及时发现幼虫群，人工捕捉。

②化学防治　对有虫枝叶喷施 1% 苦参碱可溶性液剂 1 000 倍液防治。

9. 黑星麦蛾　又名黑星卷叶芽蛾。主要危害樱桃、桃、李、杏、苹果、梨等多种果树。

（1）形态特征　成虫体长 5～6 毫米，翅展约 16 毫米，体灰褐色，头淡黄褐色，翅中央有 2 个纵列星状黑点，故名黑星麦蛾。卵椭圆形，长径约 0.5 毫米，淡黄色，有光泽。幼虫老熟幼虫体长约 11 毫米，较细长。蛹长约 6 毫米，红褐色。茧长椭圆形，灰白色。

（2）危害状　幼虫在幼龄期多潜伏在尚未伸展的嫩叶上危害，稍大便卷叶取食，常数头幼虫在一起将枝梢上几片叶卷曲成团，在团内咬食叶肉，残留表皮，随后叶片干枯变黄，从而影响树梢正常生长，树势衰弱（图 9-19）。

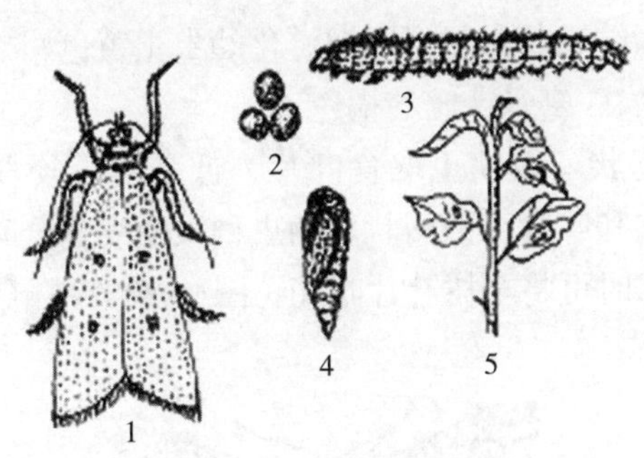

图 9-19　黑星麦蛾

1. 成虫　2. 卵　3. 幼虫　4. 蛹　5. 被害状

（3）**发生规律**　1 年发生 3 代。以蛹在杂草、地被物等处结茧越冬。翌年 4～5 月份陆续羽化，成虫昼伏夜出，卵多产于叶柄基部，单产或几粒成堆。4 月中旬开始出现第一代幼虫，幼龄幼虫在枝梢嫩叶上取食，叶片伸展后幼虫则吐丝缀叶做巢，数头或 10 余头群集危害。幼虫极活泼，受惊动后即吐丝下垂。6 月末幼虫陆续老熟，并在被害叶团内结茧化蛹，蛹期 10 天左右。6 月上旬开始羽化，6 月中旬为羽化盛期。以后世代重叠，不易区分，第二代成虫羽化盛期约在 7 月下旬。至秋末，老熟幼虫下树寻找杂草等处结茧化蛹，进入越冬状态。

（4）**防治方法**

①农业防治　秋后或冬季清除落叶、杂草等地被物，消灭越冬蛹。生长季节摘除被害虫梢卷叶，或捏死其中的幼虫。

②化学防治　幼虫危害初期喷 1% 苦参碱可溶性液剂 1 000 倍液，或 25% 灭幼脲 3 号悬浮剂 1 500 倍液防治。

10. 舟形毛虫　又称苹果天社蛾、举尾虫等。主要危害樱桃、李、杏、苹果、梨等多种果树。

（1）**形态特征**　雌蛾体长 30 毫米，雄蛾体小，全体黄白色。卵球形，直径约 1 毫米，初产时淡绿色，近孵化时呈灰褐色，常数十粒整齐排成块，产于叶背。幼虫体长 50～55 毫米，静止时幼虫头、尾两端翘起似船形。初孵化幼虫土黄色，二龄后变紫红色。蛹体长约 23 毫米，暗红褐色。

（2）**危害状** 以幼虫取食叶片，低龄幼虫咬食叶肉，被害叶片仅剩表皮和叶脉，呈网状。幼虫稍大便咬食全叶，仅剩下叶柄，危害严重时可将全树叶片吃光（图 9–20）。

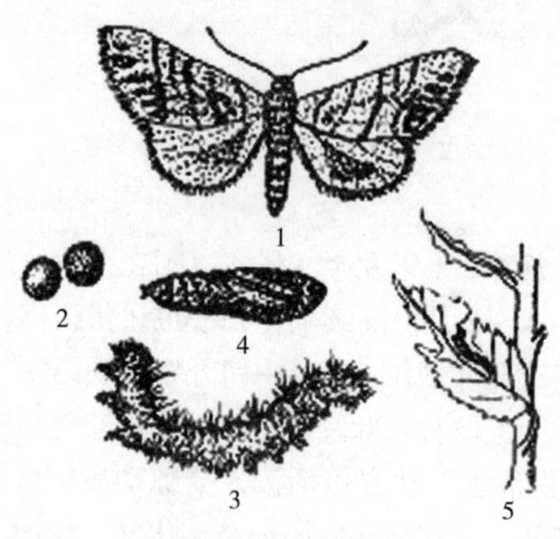

图 9–20 舟形毛虫

1. 成虫 2. 卵 3. 幼虫 4. 蛹 5. 被害状

（3）**发生规律** 1 年发生 1 代，以蛹在树下 7 厘米深土层内越冬，若地表坚硬，则在枯草丛中、落叶、土块或石块下越冬。翌年 7 月上旬至 8 月中旬羽化，交尾后 1～3 天产卵，卵产于叶背，卵期 7～8 天。幼虫三龄前群集于叶背，白天和夜间取食，群集静止的幼虫沿叶缘整齐排列，头尾上翘，受惊扰时成群吐丝下垂。三龄后逐渐分散取食。9 月份老熟幼虫沿树干爬下，入土化蛹越冬。

（4）**防治方法** 1～3 龄幼虫危害期及时摘除虫叶或振落幼虫集中消灭，或对低龄幼虫喷布灭幼脲或苦参碱防治。

11. 美国白蛾 又名秋幕毛虫。食性杂，主要危害林业树木，近年来在樱桃、梨等果园中经常发生。

（1）形态特征　成虫体长12毫米，白色，腹面黑或褐色；卵近球形，浅绿或淡黄绿色，300～500粒成块；幼虫体长25～30毫米，头部黑色，体细长具毛簇瘤。

（2）危害状　以幼虫群集结网危害，1～4龄幼虫营网巢群集啃食叶肉，被害叶呈网状，五龄后分散危害，树叶常被吃光（图9-21）。

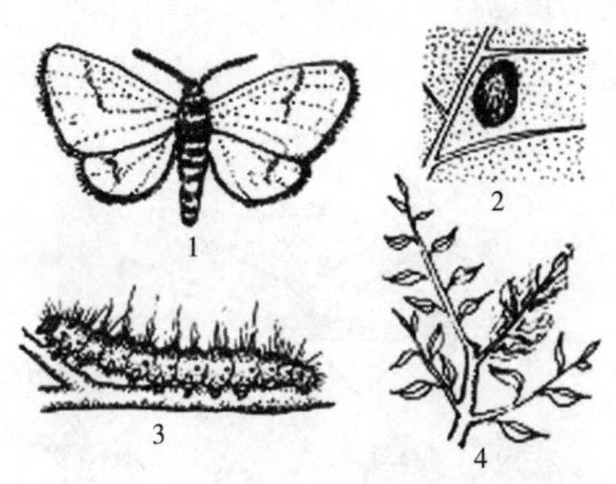

图9-21　美国白蛾

1. 成虫　2. 卵　3. 幼虫　4. 被害状

（3）发生规律　1年发生2代，以茧蛹于树下各种缝隙、枯枝落叶中越冬。第一代幼虫发生于5月下旬至7月份，第二代幼虫发生在8～9月份。成虫借风力传播，幼虫、蛹可随苗木、果品、林木及包装器材等运输扩散传播。

（4）防治方法

①农业防治　加强植物检疫工作；早春清扫果园、翻地、除草、刮皮等消灭越冬茧蛹；田间设诱虫灯诱杀；及时采收卵块，剪除烧毁虫巢卵幕。幼虫发生期及时摘除虫包。

②化学防治　幼虫发生期对受害枝叶喷布苦参碱或除虫脲防治。

12. 尺蠖　又称造桥虫、丈量虫，其种类主要有枣尺蠖和梨尺蠖等。危害苹果、梨、樱桃、桃、杏等多种果树。

（1）**形态特征**

①枣尺蠖　雌雄异型，雌蛾体长 15 毫米，前后翅均退化，灰褐色，雄蛾体长 13 毫米，体和翅灰褐色；卵椭圆形，初为浅绿色，近孵化时呈暗黑灰色，数十粒至数白粒聚集成块；老熟幼虫体长 40 毫米，灰绿色。

②梨尺蠖　雌蛾体长 7～12 毫米，无翅，灰褐色，雄蛾体长 9～15 毫米，灰褐色；幼虫体长 28～31 毫米，灰黑色。

（2）**危害状**　枣尺蠖和梨尺蠖均以幼虫危害嫩枝、芽和叶，被害叶呈缺刻状（图 9–22，图 9–23）。

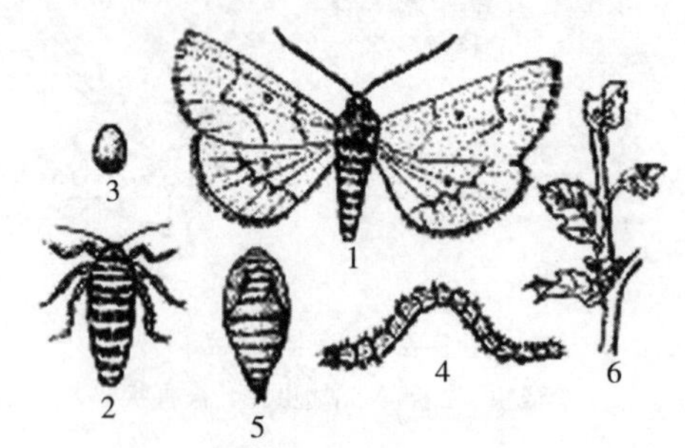

图 9–22　枣 尺 蠖

1. 雄成虫　2. 雌成虫　3. 卵　4. 幼虫　5. 蛹　6. 被害状

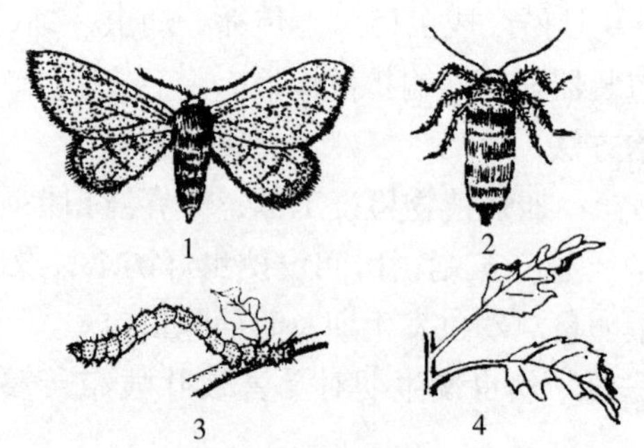

图 9–23　梨 尺 蠖

1. 雄成虫　2. 雌成虫　3. 幼虫　4. 被害状

（3）发生规律 1年发生1代，以蛹在树下土中越冬。4月上中旬为羽化盛期，雌蛾傍晚顺着树干爬到树上，等待雄蛾交尾。卵多产在树冠枝杈、粗皮裂缝处。幼虫的危害盛期为4月下旬至5月上旬。

（4）防治方法

①农业防治 人工捕捉幼虫，或在成虫羽化前，在树干基部缠塑料薄膜，阻止雌蛾上树。也可根据产卵习性，在塑料薄膜带下或在树裙下捆草绳2圈或束草把，诱集雌蛾产卵，每15天更换1次草绳，草绳集中烧毁，共换3次，更换时刮除树皮缝中的卵块。

②化学防治 在幼虫三龄前，喷布25%灭幼脲3号悬浮剂1500～2000倍液。

13. 天牛 又称铁炮虫、哈虫。其种类很多，有红颈天牛、桑天牛和星天牛等。主要危害樱桃、桃、杏、李等果树。

（1）形态特征

①红颈天牛 成虫体长28～37毫米，雌成虫略大于雄成虫，黑色有光泽。卵乳白色，米粒状。幼虫初孵乳白色，近老熟时呈黄白色，体长50毫米左右。蛹体长36毫米，淡黄色，近羽化时体色为黑褐色。

②桑天牛 雌成虫体长46毫米，雄成虫体长36毫米。体黑褐色。卵黄白色，近孵化时浅褐色，椭圆形稍扁平，弯曲。幼虫圆筒形，乳白色，体长约70毫米。蛹体长50毫米，淡黄色。

（2）危害状 以幼虫在树体的枝干内蛀食危害，粪便堵满虫道，有的从排粪孔内排出大量粪便堆积于树干基部，有的粪便则从皮缝内挤出，常引起流胶发生。被蛀食的枝干易流胶，削弱树势，危害严重时可造成死枝或死树，甚至全园毁灭（图9-24）。

（3）发生规律 两种天牛均以2～3年完成1代，以幼虫在虫道内过冬，但每年6～7月份均有成虫发生危害。成虫羽化后多在树间活动、交尾或在树干上交尾，而后在粗皮缝内产卵或成

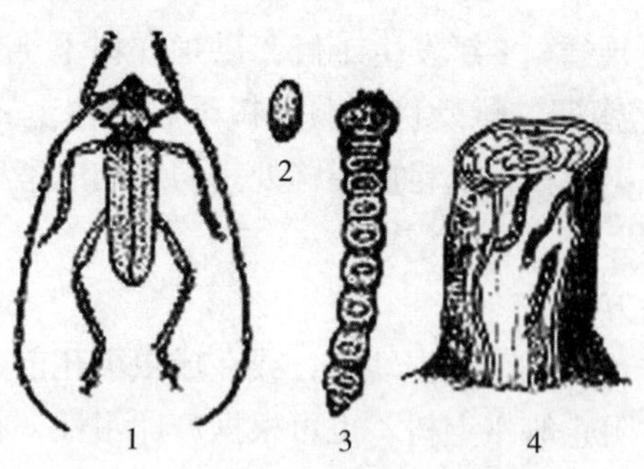

图 9–24　红颈天牛

1. 成虫　2. 卵　3. 幼虫　4. 被害状

虫做卵槽产卵，每次产卵 40～50 粒。成虫多在白天活动，中午最为活跃。卵期约 10 天，孵化后幼虫蛀入皮层取食危害，随虫体增长逐渐深入。大龄幼虫在皮层和木质间取食危害，虫道一半在树皮部分，另一半在木质部分；老熟幼虫则蛀入木质部做茧化蛹，蛹期约 30 天。成虫羽化后在虫道内停留几天后钻出。

（4）**防治方法**　在成虫羽化期捕捉成虫。经常检查树干，发现新鲜虫粪时找到虫孔用铁丝钩出虫粪，塞入蘸有杀虫剂的棉球，而后用泥将蛀孔封严；还可用注射针向树干内点注杀虫剂；也可用 0.3%防蛀液剂防治。

14. 透翅蛾　又名小透羽，俗称串皮干。主要危害樱桃、桃、李、杏、苹果、梨等多种果树。

（1）**形态特征**　成虫体长 9～13 毫米，翅展 18～27 毫米，体表有蓝色光泽，静止时酷似胡蜂。卵扁椭圆形，长径约 0.5 毫米，淡黄色。老熟幼虫体长约 20 毫米，头黄褐色，体白色或淡黄白色。蛹长约 15 毫米，黄褐色。茧长椭圆形，以丝缀连虫粪和木屑而成。

（2）**危害状**　以幼虫食害树的主干和大枝的韧皮部，虫道不规则，被害处有红褐色的虫粪流出，被害轻者树势衰弱，重则枯枝死树（图 9–25）。

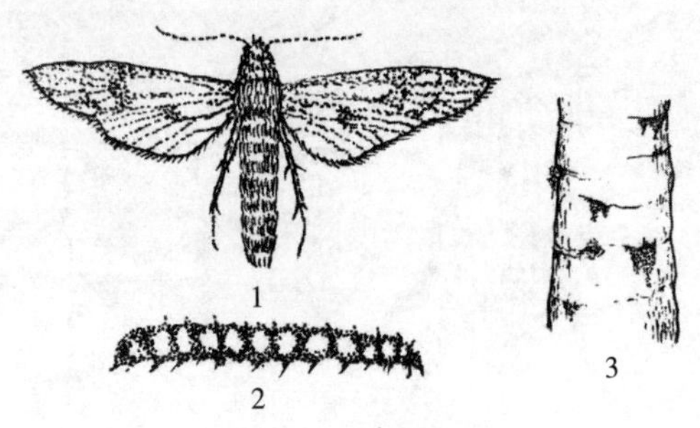

图 9-25　透翅蛾

1. 成虫　2. 幼虫　3. 被害树干外部（虫粪）

（3）**发生规律**　大多地区 1 年发生 1 代。以老熟幼虫在树干皮下的虫道内结茧越冬，翌年春季继续蛀食危害。5 月下旬至 6 月上旬老熟幼虫先在被害部内咬一圆形羽化孔，但不破表皮，开始化蛹。蛹期 10～15 天，羽化的成虫咬破表皮，并将蛹壳一半带出羽化孔，成虫将卵产在树皮裂缝处，6 月中旬至 7 月上旬卵孵化蛀入皮内危害。

（4）**防治方法**　春季刮除不光滑的翘皮；树干上见有虫粪流出时及时进行刮治；虫口密度大时可用注射针向树干韧皮部点注苦参碱类的杀虫剂杀死幼虫。

15. 金缘吉丁虫　俗名串皮虫，主要危害樱桃、桃、李、杏、苹果、梨等多种果树。

（1）**形态特征**　成虫体长 10～16 毫米，体扁平绿色，有金属光泽；卵椭圆形，长径约 2 毫米，黄白色；老熟幼虫体长约 35 毫米，扁平，黄白色；蛹长约 18 毫米。

（2）**危害状**　以幼虫于枝干皮层内、韧皮部与木质部间纵横串食，蛀食的隧道内充满褐色的虫粪。由于树体输导组织被破坏，造成树势衰弱，甚至干枯死亡。成虫食害叶片造成缺刻，但因食量小发生期短，危害性小（图 9-26）。

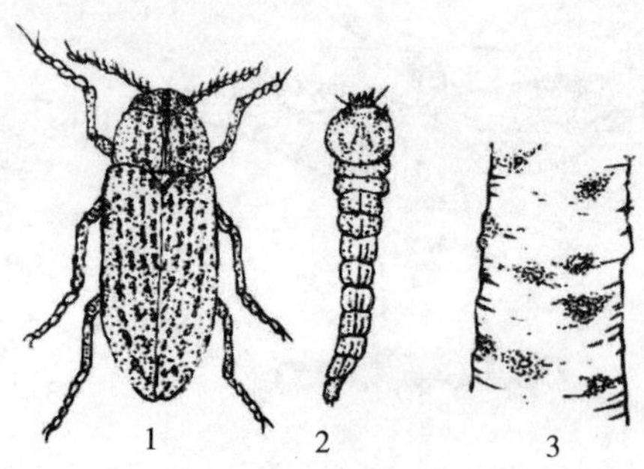

图 9-26　金缘吉丁虫

1. 成虫　2. 幼虫　3. 被害树干外部（羽化孔）

（3）**发生规律**　发生代数因地区不同而有差异，大多地区 2 年发生 1 代。各地均以不同龄期的幼虫在枝干蛀道内越冬，翌年春季树体萌芽时幼虫开始继续危害，低龄幼虫当年不化蛹。老熟幼虫于 3 月下旬开始在树皮内做一长椭圆形蛹室开始化蛹，5～6 月份羽化的成虫咬破表皮，并将蛹壳一半带出羽化孔，成虫将卵产在树皮裂缝处，6 月中旬至 7 月上旬卵孵化幼虫蛀入皮内危害。

（4）**防治方法**　加强管理，增强树势，避免产生伤口，刮除不光滑的翘皮，及时清理死树死枝，减少受害源。成虫发生期于清晨振落捕杀，树干上见有虫粪流出时及时进行刮治；虫口密度大时可用注射针向树干韧皮部点注苦参碱类的杀虫剂杀死幼虫。

16. 梨小食心虫　又名折梢虫，简称梨小。主要危害桃、樱桃、李、梨等果树嫩梢。

（1）**形态特征**　成虫体长 4～6 毫米，灰褐色。卵圆形至椭圆形，中央稍隆起，直径约 0.8 毫米，初产时为乳白色，半透明，以后变为淡黄色，孵化前可见到幼虫灰褐色的头部。低龄幼虫白色，头和前胸背板黑褐色，随虫龄的增大，虫体稍呈粉红色，老熟幼虫体长 10～13 毫米，淡红色。蛹黄褐色，长 6.8～7.4 毫米。

（2）**危害状**　以幼虫危害嫩梢，危害时多从新梢顶端叶柄基部蛀入髓部由上向下取食。幼虫蛀入新梢后，蛀孔外面有虫粪排出和树胶流出，蛀孔以上的叶片逐渐萎蔫，乃至干枯，此时幼虫已由梢内脱出或转移。每个幼虫可蛀害新梢3～4个，被害新梢多数中空，并留下脱出孔（图9–27）。

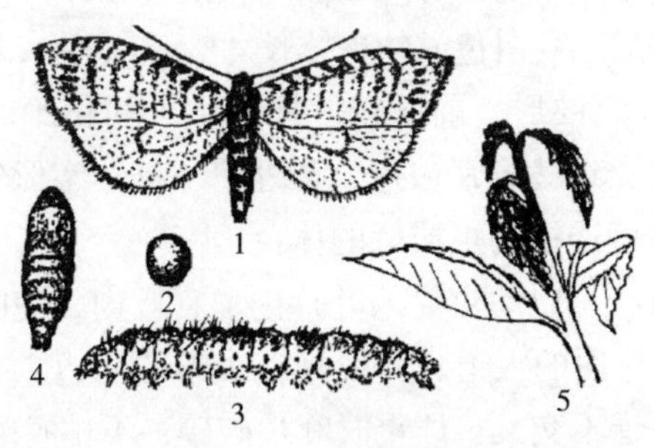

图9–27　梨小食心虫

1.成虫　2.卵块　3.幼虫　4.蛹　5.被害状

（3）发生规律　1年发生3～4代，以老熟幼虫在树皮缝内和其他隐蔽场所做茧越冬。早春4月中旬越冬幼虫开始化蛹，5月中下旬第一代幼虫开始危害。危害樱桃的是第二、第三代幼虫，出现在7月上旬至9月上旬，此时也是严重危害期。尤其是苗圃危害较重。雨水多、湿度大的年份有利成虫产卵，发生危害加重。

（4）防治方法

①农业防治　在被害新梢顶端叶片萎蔫时，及时摘掉有虫新梢，带出园外深埋。

②物理防治　用糖醋液诱杀成虫。在各代成虫发生期，取红糖1份、醋2份、水10～15份，混合均匀后盛入直径为15厘米左右的大碗内，用细铁丝将碗悬挂在树上或放在支架上，诱使成虫投入碗中淹死。每日及时捡出死亡成虫，每667米^{2}挂碗5～10个。

③化学防治　当诱蛾量达到高峰后的3～5天是喷药防治适期，可选用30%桃小灵（氰戊菊酯＋马拉硫磷复配而成）乳油

2 000 倍液，或 25% 灭幼脲 3 号悬浮剂 1 500 倍液防治。

17. 潜叶蛾 又名桃线潜蛾，简称桃潜蛾。主要危害桃、樱桃、李、苹果等果树。

（1）形态特征 成虫体长 3～4 毫米、银白色，前翅狭长、银白色。卵球形，乳白色。幼虫体长 4.8～6 毫米，淡绿色。蛹长 5～5.5 毫米，圆锥形，前端粗，尾端尖，初化蛹时淡绿色。茧长 6 毫米左右，近棱形，白色，茧外罩“工”字形丝帐，悬挂于叶背，从茧外可透视幼虫或蛹的体色。

（2）危害状 以幼虫潜入叶片内取食叶肉，使叶片留下宽约 1 毫米的条状弯曲的虫道，粪便排在虫道的后边，一片叶可有数头幼虫，但虫道不交叉；严重时叶片破碎，干枯脱落（图 9–28）。

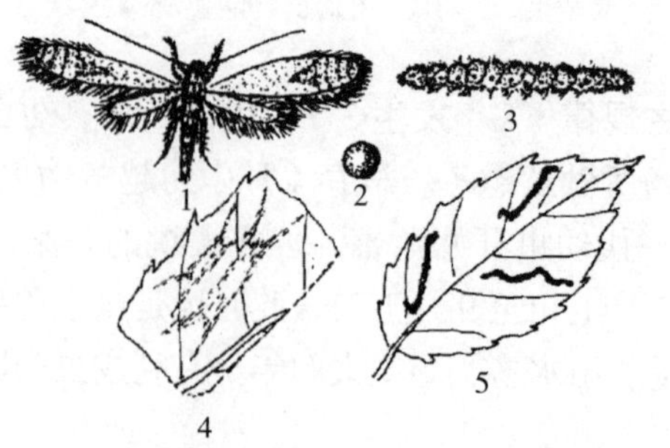

图 9–28 潜 叶 蛾

1. 成虫 2. 卵块 3. 幼虫 4. 茧 5. 被害状

（3）发生规律 发生代数各地不一，一般为 5～7 代，以蛹在被害叶上结茧内越冬。展叶后开始羽化，卵散产于叶表皮内。幼虫孵化后即蛀入叶肉危害，幼虫老熟后咬破表皮爬出，吐丝下垂在下部叶片的背面做茧，幼虫在茧内化蛹。桃潜叶蛾在温室罩膜期间很少发生，揭膜后 8 月份至 9 月下旬发生较重。完成一代需 23～30 天。幼虫喜欢危害嫩叶，以梢顶端 4～5 片叶受害较重，大发生时，秋梢上的叶片几乎全部被害，使叶片破裂脱落。

（4）防治方法

①农业防治　清除枯枝落叶，带出园外集中烧毁，消灭越冬虫源。

②化学防治　在发生初期喷药防治，可喷布25%灭幼脲3号悬浮剂1 500倍液，或30%蛾螨灵可湿性粉剂1 500倍液，或20%杀铃脲悬浮剂5 000倍液。

18. 刺蛾　俗称洋辣子。其种类很多，有黄刺蛾、青刺蛾和扁刺蛾等。主要危害樱桃、苹果、梨等多种果树。

（1）形态特征

①黄刺蛾　成虫体黄色，体长14～15毫米。卵椭圆形，扁平，长径1毫米左右，黄绿色。幼虫黄绿色，体长25毫米左右。蛹椭圆形，黄褐色，体长约12毫米。茧卵圆形似雀蛋，质地坚硬，表面光滑，灰白色，有3～5条褐色长短不一的斑纹（图9–29）。

②青刺蛾　成虫头胸部和前翅绿色，体长16毫米。卵椭圆形，扁平，黄白色，长径约1.5毫米。幼虫头部黄褐色，体黄绿色，体长约25毫米。蛹椭圆形，黄褐色，体长约13毫米。茧卵圆形，灰褐色（图9–30）。

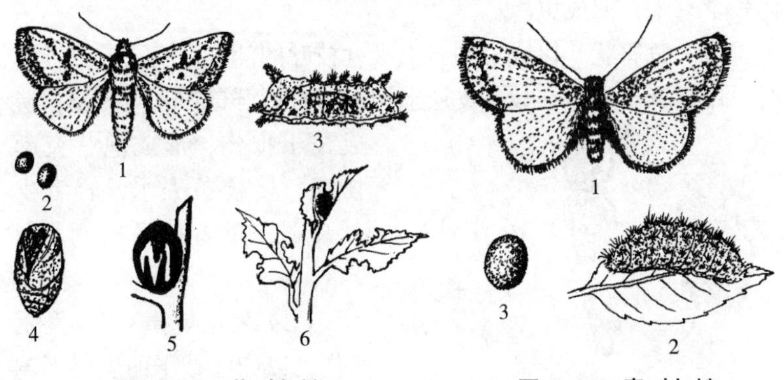

图9–29　黄刺蛾
1. 成虫　2. 卵　3. 幼虫　4. 蛹
5. 茧　6. 被害状

图9–30　青刺蛾
1. 成虫　2. 幼虫　3. 茧

（2）危害状 以幼虫取食叶肉，低龄幼虫在叶背啃食叶肉，残留上表皮或叶脉，被害叶呈网状，幼虫长大后，食量增加，叶片被咬成缺刻，严重时仅留叶柄。

（3）发生规律 1年发生1～2代，以老熟幼虫在枝条及枝杈处结茧越冬，只有扁刺蛾以幼虫在树下3～6厘米深处土内结茧越冬。樱桃展叶后幼虫开始化蛹，5月末或6月上旬成虫开始羽化，产卵于叶片背面。幼虫孵化后群集危害，长大后分散危害。6月中下旬至8月上旬为幼虫危害期。温室扣棚期间一般不发生危害。

（4）防治方法

①农业防治 结合修剪摘除枝条上的越冬虫茧，带出园外烧毁。

②化学防治 幼虫发生期可喷布苦参碱，或40%硫酸烟碱乳油800倍液防治。

19. 大青叶蝉 又名跳蝉、大绿叶蝉、大绿浮尘子。主要危害樱桃、桃、李、杏等多种果树。

（1）形态特征 成虫体绿色，体长7～10毫米。卵香蕉状，长1毫米，初产时乳白色，孵化前出现红色眼点。若虫共5龄，体长7毫米，似成虫。

（2）危害状 以成虫和若虫吸食枝叶的汁液。晚秋成虫越冬时，用锯状产卵器在枝条皮层上划出弯月形开口在其内产卵，造成枝干损伤，形成泡状突起伤疤，使枝条失水，轻者生长衰弱，重者抽干枯死（图9-31）。

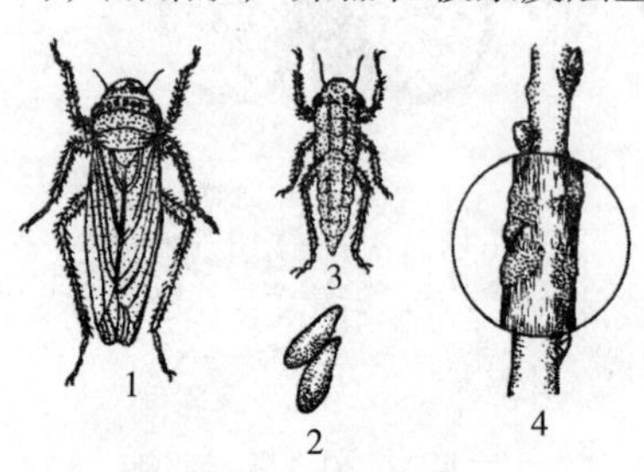

图9-31 大青叶蝉

1. 成虫 2. 卵 3. 若虫 4. 被害状

（3）发生规律 1年发生3代，以卵在枝干的皮层下越冬，春季孵化为若虫。若虫和成虫以杂草为食，果树发芽后迁至树上危害，露地樱桃园和苗圃发生较重。第一代成虫发生在5月份，第二代为7月份，第三代在9～10月份出现。

（4）防治方法　防治重要时期9～10月份，可选用10%吡虫啉可湿性粉剂2000倍液防治。

20. 金龟子　俗称瞎撞、金壳虫、金盖虫等。其种类很多，有黑绒金龟子、苹毛金龟子、铜绿金龟子等（图9–32），主要危害多种果树的花、叶片及果实。

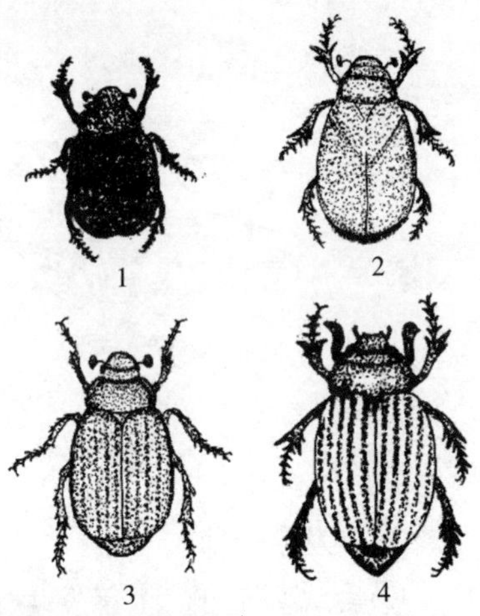

图9–32　金龟子

1. 黑绒金龟子　2. 苹毛金龟子
3. 铜绿金龟子　4. 灰粉鳃金龟子

（1）形态特征

①黑绒金龟子　成虫体长8毫米，黑褐色，密被短绒毛，有光泽，俗称缎子马褂，鞘翅上有纵行隆起线。

②苹毛金龟子　成虫体长10毫米左右，头胸部背面紫铜色，鞘翅茶褐色，有光泽。由鞘翅上可透视出折叠成“V”形的后翅。

③铜绿金龟子　成虫体长18毫米左右，背面铜绿色，有光泽，前胸背板两侧边缘黄色。

④灰粉鳃金龟子　体长28毫米，长椭圆形，赤褐色，密被灰白短绒毛，易擦掉。

（2）危害状　黑绒金龟子主要危害苗圃幼苗，苹毛金龟子主要危害花朵和叶片。铜绿丽金龟子和灰粉鳃金龟子主要危害叶片。受害叶片出现破洞、缺刻，严重时被吃光；花受害后，花瓣、雄雌蕊和子房全被食光（图9–33）。

图 9-33　金龟子危害状

（3）发生规律

①黑绒金龟子　1年发生1代，以幼虫或成虫于土中越冬，主要危害苗圃幼苗和露地樱桃树。4月下旬至6月上旬危害重。

②苹毛金龟子　1年发生1代，以成虫在土中越冬，主要危害露地樱桃花，其次危害叶片。4月中旬至5月上旬危害重。

③铜绿金龟子　1年发生1代，以幼虫于土中越冬，主要危害露地樱桃叶片。5月下旬至6月中旬危害重。

④灰粉鳃金龟子　3～4年发生1代，以幼虫和成虫在土中越冬，主要危害露地樱桃叶片。6～7月份危害重。

（4）防治方法　成虫发生期、利用其假死习性，组织人力于清晨或傍晚振落捕杀，集中消灭。苗圃发生黑绒金龟子时，还可用长约60厘米的杨树枝分散安插在苗圃内诱捕成虫。

21. 象甲　俗称象鼻虫、尖嘴虫、放牛小、灰老道。其种类很多，有大灰象甲和蒙古灰象甲等，主要危害樱桃、桃等果树，是苗圃内春季发生的主要害虫。

（1）形态特征　大灰象甲成虫体长10毫米，蒙古灰象甲成虫体长7毫米，灰褐色。

（2）危害状　以成虫危害苗木的新芽，嫩叶。被害新芽不萌发枝条，重则全部被吃光（图9-34）。

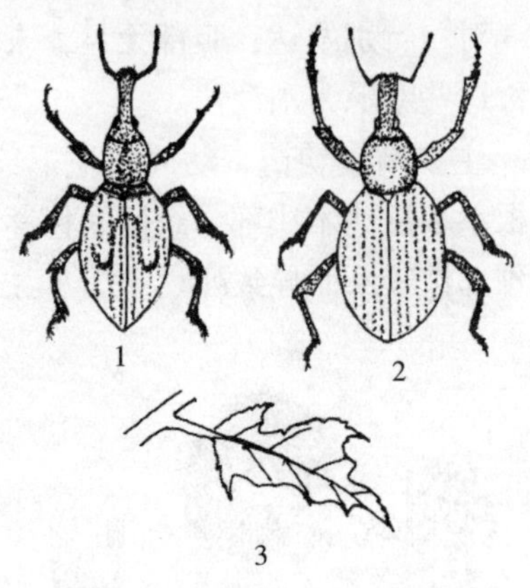

图 9–34 象 甲

1. 大灰象甲 2. 蒙古灰象甲 3. 被害状

（3）**发生规律** 1 年发生 1 代，以成虫在土内越冬，4 月出蛰，先取食杂草，树体发芽后，爬行至树上危害新芽和叶片。6 月份大量产卵于叶背，少量产卵于土内。幼虫取食细根和腐殖质，并做土室化蛹，羽化后的成虫当年不出土，即进入越冬状态。

（4）**防治方法**

①农业防治 早晨或傍晚人工捕杀树上成虫，集中消灭。

②物理防治 为防止当年定植苗木的嫩芽、幼叶受害，定植后于苗木主干基部接近地面处，用报纸扎一伞状纸套，阻止上芽危害，或套塑料袋防止危害。

③化学防治 成虫出土前，在树干周围地面撒 0.5% 苦参碱水剂 600 倍液拌玉米面或浸菜叶，均匀撒于地面进行防治。

22. 蛴螬类害虫 蛴螬类害虫俗称蛭虫、大脑袋虫、鸡粪虫，是金龟子的幼虫，其种类很多。以大黑金龟子、朝鲜金龟子、铜绿金龟子、黑皱鳃金龟子等幼虫发生普遍。

（1）**形态特征** 体乳白色，头赤褐色或黄褐色。体弯曲，体壁多皱褶，胸足3对，特别发达；腹部无足，末端肥大，腹面有许多刚毛，通常称这些刚毛为刮泥器。

（2）**危害状** 主要啃食幼苗、幼树的地下部分尤其是根茎，啃食幼树根茎及根系表皮达木质部，致使幼树逐渐萎蔫死亡，幼苗受害主要是根颈部被咬断而导致死亡（图9-35）。

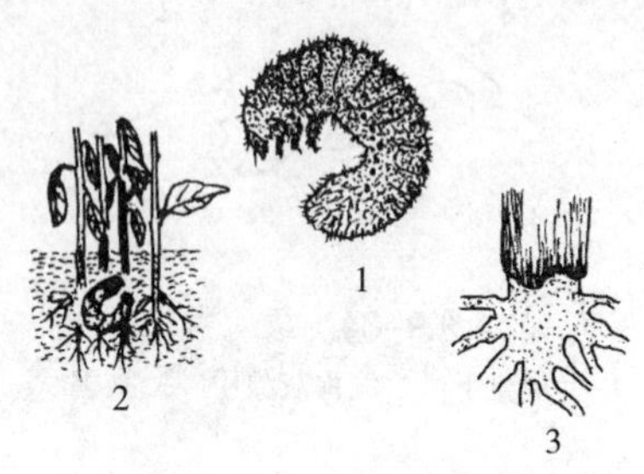

图9-35 蛴螬危害状

1. 蛴螬 2. 幼苗被害状 3. 幼树根系被害状

（3）**发生规律** 越冬蛴螬于春季10厘米处土壤温度达10℃左右时，开始爬升至土壤表层；10厘米地温20℃左右时，主要在土壤内10厘米以上活动取食；秋季10厘米地温下降至10℃以下时，又移向深处的不冻土层内越冬。

（4）**防治方法**

①农业防治 结合松土翻树盘，捡出幼虫集中消灭。发现幼苗萎蔫时，将根颈周围的土扒开，捕捉幼虫。

②化学防治 虫口密度大时，用0.5%苦参碱水剂600～800倍液灌注根际。

二、缺素症及防治

大樱桃常因缺乏某种营养元素而表现出的病症，实际上并不是病，在给予相应的营养后，症状便可以大大缓解或消失。

（一）常见缺素症

1. 缺镁　缺镁首先发生在老叶上，叶脉间失绿黄化，严重时整个叶片黄化，并引起早期落叶。

在酸性条件下，镁经雨水很容易淋失，因此缺镁常常发生在中雨量或高雨量区的酸性沙质土上。镁与钾之间存在拮抗关系，多施钾肥会加重缺镁程度。氮肥与镁肥有很好的相辅作用，施镁的同时适量施氮肥有助于镁的吸收。

2. 缺硼　缺硼主要表现在先端幼叶和果实上。缺硼时，幼叶脉间失绿，果实出现畸形，严重时果肉呈海绵状，无种子等。

在施氮、钾、钙素过多的情况下，硼的吸收会受影响而导致缺硼。干旱少水条件会降低土壤中硼的有效性，易缺硼。

3. 缺铁　缺铁主要表现在嫩叶上，开始时叶肉变黄，叶脉呈绿色网纹状失绿，随病势发展，失绿程度加重，整叶变成黄白色，叶缘枯焦引起落叶，新梢顶端枯死。

土壤盐碱较重易缺铁。

（二）缓解缺素症的方法

避免缺素症状的发生，一是注重平衡施肥，二是不在 pH 值超过 8 以上的地块建园，三是注意土壤增施有机肥和生物菌肥，叶面喷施氨基酸类有机营养剂和微量元素肥。出现缺素症时可以对症进行叶面喷肥或土壤施肥来补充。

1. 缺镁防治　土施硫酸镁于秋季与有机肥一同施入；叶面喷施 1.5%的硫酸镁溶液，自花后开始每周 1 次，连喷 2～3 次。

2. 缺硼防治　土施硼砂于秋季与有机肥一同施入；叶面喷施是于开花前 1～2 周开始至采收前共喷 2～3 次，浓度为 0.2%～0.3%。

3. 缺铁防治　叶面喷施 0.3%～0.5%硫酸亚铁溶液，或土施过磷酸钙调节。

三、常用矿物性杀菌剂的配制

（一）波尔多液

波尔多液是由硫酸铜、生石灰和水配制而成的天蓝色胶状悬浮液。其有效成分为碱式硫酸铜。质量好的波尔多液呈天蓝色，波尔多液为光谱保护性杀菌剂，喷到树体上黏着力很强，在树体上的残效期为 7～15 天，主要通过释放铜离子起到杀菌的作用。

1. 性状 药液呈碱性，比较稳定，黏着性好，但久置会沉淀，产生原定形结晶，从而性质发生改变，药效降低。因此，波尔多液要现用现配，不宜贮存。该药液对金属有腐蚀作用。

2. 作用特点 波尔多液是保护性杀菌剂，对大多数真菌病害具有较高的防治作用。将配好的波尔多液喷洒在树体或病原菌表面，形成一层很薄的药膜，此膜虽然不溶于水，但它在二氧化碳、氨、树体及病菌分泌物的作用下，会逐渐使可溶性铜离子增加而起杀菌作用，并可有效地阻止孢子发芽，防止病菌侵染。

此外，波尔多液中的铜元素被树体吸收后，还可起到补充微量元素的作用，促使叶片浓绿，生长健壮，提高其抗病力。

3. 配制方法 一般大樱桃树使用的比例为石灰倍量式，即硫酸铜、生石灰和水的比例为 1∶2∶200～240。

波尔多液质量的好坏和配制方法有密切关系。一般常用的配制方法是注入法。先将硫酸铜和生石灰按比例称好，分别盛在非金属容器中，然后用总水量的 2 份溶化生石灰，滤去残渣，即成浓石灰乳。再用余下的 8 份水制成稀硫酸铜溶液（先用少量热水将硫酸铜化开，然后加入剩余水）。待上述两液温度相等时，再将稀硫酸铜溶液慢慢倒入石灰液中，边倒边搅，即成天蓝色的波尔多液（图 9–36）。用这种方法配成的药液质量好，颗粒较细而匀，胶体性能强，沉淀较慢，附着力较强。

图 9–36　波尔多液的配制

1. 硫酸铜液　2. 石灰液

波尔多液的配制质量与原料的优劣有直接关系。因此，在配制时，要注意选择优质硫酸铜，生石灰则要求烧透、质轻、色白，选用块状石灰，粉末状的消石灰不宜使用。

4. 防治对象　在大樱桃园中应用波尔多液，主要是防治叶斑病。

5. 注意事项

第一，预防药害。波尔多液是比较安全的农药，但使用不当也会产生药害。波尔多液浓度过大或温度过高时喷布，其嫩叶会发生药害。喷布波尔多液后如果遇到阴雨连绵天气，或在湿度过大及露水未干时喷药均易引起药害，因此要选择晴天露水干了之后喷药。喷药过重、药液配制质量不合乎要求时，均易发生药害，应加以避免。喷布波尔多液后相隔时间过短就喷布石硫合剂时，也会因两药作用产生硫化铜而引起药害，因此喷过波尔多液后 15～20 天内不能喷布石硫合剂和松蜡合剂。喷过矿物油乳剂后 30 天内不能喷布波尔多液，以免出现药害。

第二，配制药液时禁止使用金属容器。

第三，用注入法配制时，只能将稀硫酸铜液倒入浓石灰乳中，顺序不能颠倒，否则配制的药液沉淀快，且易发生药害。

第四，药液应随用随配，超过 24 小时易沉淀变质，不能再用。

第五，喷布时要做到细致周到，喷后如遇大雨，天晴后应及时补喷。

第六，为提高药效，应在药液中加入展着剂，如 0.2～0.3% 豆浆、大豆粉、中性洗衣粉等。

第七，波尔多液呈碱性，含有钙，不能与怕碱性农药及石硫合剂、有机硫制剂、松蜡合剂、矿物油剂混用。

（二）石硫合剂

石硫合剂是石灰硫黄合剂的简称，俗称硫黄水，是由生石灰、硫黄粉作原料加水熬制而成的枣红色透明液体（原液），工业产品为固体或微乳剂。

1. 性状 药液呈强碱性，遇酸易分解，在空气中易被氧化。有臭鸡蛋味，对皮肤和金属有腐蚀性。

2. 作用特点 石硫合剂是一种无机杀菌兼杀虫和杀螨剂，其有效成分为多硫化钙，有渗透和侵蚀病菌细胞壁和害虫体壁的能力。喷洒在树体表面上，短时间内硫化钙有直接杀菌和杀虫作用，但很快与氧、二氧化碳及水作用，最后的分解产物硫黄仅有保护作用。

3. 熬制方法 常用的配制比例：生石灰 1 份、硫黄粉 2 份、水 10 份。先把优质生石灰放在铁锅中，用少量水使生石灰消解，待充分消解成粉状后加足水量。生石灰遇水发生剧烈的放热反应，在石灰放热升温时，再加热石灰乳，近沸腾时，把事先调成糊状的硫黄浆沿锅边缘缓缓地倒入石灰乳中，边倒边搅拌，并记下水位线。用旺火煮沸 40～60 分钟。待药液熬成枣红色，渣滓呈黄绿色时，停火即成（图 9-37）。冷却后滤出残渣，就得到枣红色的透明石硫合剂原液。在熬制过程中，如果火力过大，经搅拌后锅内仍泛出泡沫时，可加入少许食盐。

图 9-37 熬制石硫合剂

熬制方法和原料的优劣都会直接影响药液的质量，如果原料质优，熬煮的火候适宜，原液可达 28 波美度以上。因此要求最好选用质轻的白色块状生石灰，硫黄以硫黄粉较好。

4. 防治对象及使用方法

（1）防治对象 石硫合剂的应用是在大樱桃树体发芽前，防治在树干和树枝上越冬的多种病菌和虫卵，以及介壳虫和叶螨等，萌芽前喷布的浓度是 3～5 波美度，发芽后喷布的浓度是 0.2～0.5 波美度。

（2）稀释浓度的计算方法 石硫合剂的有效成分含量与比重有关，通常用波美比重计测得的度数来表示，度数愈高，表示有效成分含量越高。所以，使用前必须用波美比重计测量原液的波美度数，然后根据原液浓度和所需要的药液浓度加水稀释。一般最简单的稀释方法是直接查阅“石硫合剂稀释倍数表”。也可以用下列公式按重量倍数计算：

$$\text{加水稀释倍数}=\frac{\text{原液波美浓度}-\text{需要的波美浓度}}{\text{需要的波美浓度}}$$

5. 注意事项

第一，发芽前通常用 3～5 波美度液，生长期使用一般不能超过 0.5 波美度。

第二，石硫合剂是强碱性药剂，不能与怕碱药剂混用，不能与波尔多液混用。在喷过石硫合剂后需间隔 7～15 天才能喷布波尔多液，而喷过波尔多液后需间隔 15～20 天才能喷石硫合剂，否则易产生药害。

第三，石硫合剂有腐蚀作用，使用时应避免接触皮肤，如果皮肤和衣服沾上原液，要及时用水冲洗。喷药器具用后要马上用水冲净。

第十章

果实采收与采后处理

一、采收时期与方法

保护地栽培的大樱桃主要用于鲜食，一般不需要长期贮藏。就地销售的，必须使果实达到充分成熟，在表现出本品种应有的色、香、味等特征时采收；而外销的，则在果实达九成熟左右时采收较为合适，比在当地销售提前2～3天即可。

保护地大樱桃成熟期是通过鉴定该品种的风味、果实大小和着色情况来确定的。其中，果皮色泽和品质是鉴定成熟度最可靠的指标，对每个品种，首先依据其果皮色泽的变化来确定采收期。红色品种，当果面全部着鲜红色时即可采收；黄色品种，当果面底色变黄、阳面着红色时即可采收。其次可根据口感来确定采收期。

大樱桃果实的成熟期，常因其在树冠中的位置和着生果枝的类型不同而早晚不一。此外，大樱桃每丛花能着3～9个果及以上，这些果实着生早晚不同，成熟期也不一致。所以，要分期进行采收。大樱桃的果实不耐贮运，不抗机械损伤，因此，主要靠人工来采收果实，采收时要严格掌握轻采轻放原则。采收时，用大拇指和食指捏住果柄基部，轻轻掀起便可采下，注意不要折断短果枝。采下的果实轻轻放到果篮中，然后集中放在包装场地进行挑选。挑选时主要剔除枯花瓣、枯叶和小果、病虫果及畸形

果，再进行分级包装。

二、分级包装

大樱桃采收后必须经过分级后方可进行包装出售，这样既能保证商品质量，又能提高果农的生产效益。首先把充分成熟的果实选出在当地销售，然后根据果个大小、果形、色泽、果梗、机械伤等指标把果实分级。果形上要求具有本品种典型的果形，无畸形果或有少量畸形果；要求果面鲜艳光洁，无磨伤、果锈、污斑、日灼；带有完整新鲜的果梗，不脱落；另外，要无伤口，无挤压伤，无病虫害。

大樱桃是水果中珍品之一，保护地大樱桃果实上市期又正值市场鲜果供应的淡季，采用合理、精美的包装，不仅可以减少运销损失，而且可以保持新鲜的品质，提高商品价值。

包装材料多采用纸箱、纸盒、泡沫箱或塑料盒等。包装箱不宜过大，以 5 千克、2.5 千克、1 千克规格为宜。果实包装好后，还要根据运输距离的远近可以进行外包装。外包装材料最好是方格木箱、纤维板箱等。木箱的规格不要太大，而且一定要耐压、抗碰撞。

第十一章

生产中的常见问题及解决方法

近几年在保护地大樱桃生产中，经常会有影响产量、树体寿命及人身安全等问题的发生，这些问题在全国各地的保护地生产中普遍存在，严重影响着栽培者的经济效益。

一、管理技术方面

（一）落花落果

1. 落花落果原因 引起落花的原因很多，主要有花芽饱满程度差、萌芽和开花期温度过高、空气过于干燥、花期浇大水、花腐病危害、没有授粉品种、花芽老化等，都会出现只开花没坐果或坐果少的现象。在这些原因中花芽不饱满、老化，以及花腐病危害是常见的主要原因。

引起落果的原因也很多，主要有花后浇水过早或过多、营养生长过旺、高浓度植物生长调节剂类坐果药喷施不当等，此外还与个别品种的生理特性有关。

落花落果还常因药害或肥害引起。当温室内温度很高且不通风条件下喷施杀虫剂或地面撒施各种易产生气体的肥料、药液浓度过大等时，都会引起叶片或果实伤害，导致落花落果。

2. 解决方法 防止落花落果的关键措施是促进花芽饱满、

严格掌握浇水时期和浇水量、采收后防止花芽老化或发育过度。

第一，采收后的月子肥一定及时补充，而且要给足才能促进花芽饱满；采收后至秋季的露地期间及时防治叶斑病和二斑叶螨；15～20 天浇 1 次水防花芽老化；采用蜜蜂授粉的一定要配置授粉品种，采用药物坐果的一定按时按量喷施。

第二，花期和果实发育期适时适量灌水，即开花前浇一次小水，硬核前如果需要灌水，水量也一定要小。硬核后每次灌水量：6～7年生以上结果大树，每株不应超过50升，3～5年生结果幼树不应超过 30 升，灌水要少量多次，尤其是覆地膜的和土壤黏重的，可减少水量和灌水次数。另外，还要根据各品种的硬核期决定灌水时间，也就是分品种按株灌水。改变传统的灌溉方法。花后至采收期，最好的灌水方法是在树盘四周或两侧挖 4～6 个深 20 厘米左右的沟或坑浇水，待水渗下后埋土，保持棚内地面干燥；或滴灌或将树盘分成两半，每次灌一半（畦灌）。

第三，加强温湿度等综合管理。室内升温的速度不可以过快，从升温至开花必须历经 28～30 天的时间，不可少于 25 天；温度不可以高于 25℃、空气相对湿度不可以长时间低于 30%；花期遇到短时间降温时，在棚内温度不低于 0℃时，不必进行人工加温（暖气和空调除外），不可以用烟雾剂加温或防治病虫害；休眠期间棚内土壤温度不可以低于 5℃；花期注意花腐病的防治；花后 1 周后随时对过旺新梢进行摘心或拿枝，随时疏除过多的萌蘖和有可能成为竞争枝的徒长枝，抑制树体营养生长过旺，减少养分消耗；注意花期补充含有花粉蛋白素或氨基酸类的有机营养。采收后覆盖的遮阳网其遮光率不可高于 30%。

此外，最好不选择有生理落果的品种进行温室栽培。

（二）花芽渐少

1. 花芽渐少的原因

第一，栽培者对大樱桃的花芽分化时期的认识有误。多数栽

培者认为大樱桃的花芽分化是在采收后开始的，于是只注重采收后的肥水供应，而实际中无论怎样加强采收后的肥水管理，也不能使大樱桃再形成更多的花芽。据辽宁省果树科学研究所对大樱桃花芽分化进程开展的研究表明，甜樱桃花芽的生理分化是在花后20～25天开始的，不同品种稍有差异。果实成熟时，可以见到花芽的外部形态，花芽分化期也正是幼果膨大期，也就是说，花芽的生理分化与果实生长同步，所需的养分时期集中，需求量大。在储藏养分耗尽，花前施肥还没完全转化吸收（温室栽培大樱桃，根系生长比露地晚5～10天）的情况下，养分的不足就影响了花芽分化，而栽培者却在采收后供肥供水促花芽分化，必然会出现花芽数量减少的现象。

第二，负载量大。对于体积小的樱桃，栽培者大多没有疏花疏果的习惯，尤其是保护地，栽培者怕坐不住果，任其开花结果，开多少留多少，结多少留多少，株产高达50～60千克，甚至个别大树株产达70千克以上。这样的温室和大棚，如果肥水条件再差一点，其花芽量只有上一年的50%左右，这说明过量的负载消耗了大量的养分，使结果与花芽分化的关系失去了平衡，因为果实的生长与花芽的分化是同步进行的，此期间若不及时供应养分，则会造成养分不足而抑制花芽的形成，致使当年花芽数量减少。

第三，花后至采收期间，氮肥过多、水分过大和温度过低也会影响花芽分化。

第四，植物生长调节剂类药剂浓度过大抑制花芽分化。近几年，在保护地管理中，很多栽培者为了提高坐果率和促进果实膨大，在花期和幼果期喷施高浓度的以赤霉素和细胞分裂素为主的植物生长调节剂类坐果膨大剂。虽然此法可以达到当年坐果累累的目的，但当年的花芽数量明显减少，严重的可减少70%以上。不但花芽数量减少，同时会促进树体过旺生长，为了避免树体旺长和促进成花，栽培者又会在花前喷施高浓度的PBO和多效唑，这样的管理措施虽然对花芽减少的症状有所改变，但多年连续施用这两种不同作用的药剂会使树体产生生理障碍，表现叶片狭长卷曲、枝条节间和果梗拉长、果形不正，甚至畸形等症状，有时还会发生枯枝死树现象。

2. 解决方法

第一，要掌握花芽分化的关键时期，在花芽分化期补充磷钾以及微量元素肥。在进行秋施肥和萌芽前施肥的正常管理下，在花后及时补充速效性的磷、钾肥和氨基酸类，以及多种微量元素肥。

第二，合理负载。疏花疏果可以减少养分的无谓消耗和保持合理的负载量，树龄6年生以下每667米^{2}保持在400～600千克，7年生以上每667米^{2}产800～1 200千克为宜，保证花芽分化数量和质量，提高优质果率。产量越高花芽分化越少，产量越高优质果率越少。

第三，花芽分化期温度不可以太低，应保持在12～25℃。

第四，花芽分化期不可以施用超量的氮肥、赤霉素和细胞分裂素液，更不可以超量灌水。

（三）枝干光秃和枯枝死树问题

1. 枝干光秃和枯枝死树的原因 在升温前过早修剪易引起流胶，或高浓度的PBO、多效唑和植物生长调节剂类药剂多年连续在生育期使用，或修剪技术不当都会导致枝干光秃。发生根腐病、根颈瘤、或严重的蛀干害虫和地下害虫危害等，都是引起枯枝死树的主要原因。

2. 解决方法 防止枯枝死树措施很简单，一是改休眠期修剪为萌芽期修剪，二是不超标施用植物生长调节剂，三是保护好潜伏芽，及时防治病虫害。

（四）二次开花的问题

二次开花也称倒开花，也就是在采收后陆续发生开花的现

象，严重的开花株率达50%以上，造成翌年产量减少。

1. 引起二次开花的原因　主要是由叶片受害严重、采后修剪过重、树体无生长量的情况下高温干旱引起，此外还有涝灾的危害等也会引起二次开花。叶片受害有两个原因，一是撤膜期间的放风锻炼的时间短，或过早过急导致环境条件的急剧变化使树体和叶片发生晒伤，叶片边缘干枯坏死或叶表皮、叶肉坏死；二是受病虫危害，致使叶片发生枯焦坏死和失绿而提早落叶。此外，采收后修剪过重会刺激花芽萌发，引起不同程度的二次开花，尤其是短截结果枝条开花严重。

2. 解决方法　采收前完成生长期的整形修剪工作，采收后尽量不修剪，如果树体上部徒长枝多或主干上萌发出多余徒长枝可少量疏除；采收后注意适时放风锻炼，适时除膜，防止叶片损伤，如果撤膜前不进行通风锻炼，可在撤膜的同时覆盖遮阳网；采收后进入露地管理期间，注意预测二斑叶螨和各种叶斑病的发生，及早发现及早防治；采收后加强花芽的保护管理，可在叶面喷施壳聚糖类的有机营养肥，还要防止过于干旱提早落叶，浇水间隔时间不可以少于15天。

（五）肥　害

1. 产生肥害的主要原因　肥害来自土壤施肥和叶面喷肥两种。土壤施肥造成肥害有4种情况：①肥料距根系太近，尤其是含有缩二脲的肥料；②施肥过量；③有机肥没经发酵；④覆盖期间地面撒施肥料后没有覆土。前3种情况会造成根系伤害，也就是常说的烧根现象，后一种情况是肥料随气温的升高挥发，产生有害气体对花、果、叶片造成危害。如地面撒施碳酸氢铵、尿素、干或湿鸡粪、牛马粪等，在温度高时都会释放出氨气和二氧化氮抑制呼吸作用和光合作用，花芽和花蕾受害严重时，柱头和花药会变褐失去生命力。花朵受害时，花瓣边缘干枯，严重时柱头和花药变褐；叶片受害严重时，叶片边缘呈现水渍状，严重时萎蔫脱落，随后果脱落。

叶面喷肥造成肥害有3种情况：①稀释肥液时浓度计算错误，或不经称量“几瓶盖、几把式”的懒汉稀释方法；②滥加增效剂；③花期滥用坐果剂，幼果期滥用膨大剂、着色剂、催熟剂等造成不同程度的落果或叶片伤害。

2. 解决方法 防止肥害的关键是有机肥必须经过发酵，不论是有机肥还是化肥，都必须挖沟施入，施入后与土拌和，并及时覆盖。生物菌肥施入时也不例外。施肥一定不要过量施入，避免发生烧根。叶面肥稀释肥液时，一定要有称量用具，稀释量一定要准，更不要在晴天的中午前后喷施。

（六）药　害

1. 药害产生的原因 药害常因浓度过量，不经称量或计算错误，或多种药混合发生化学反应，或加入增效助剂，或在密闭条件下使用烟雾剂而发生。

2. 解决方法 防止药害最重要的是对症施药、适量兑药。易发生化学反应的药剂要单独喷施，喷药时要对药液不断搅动，喷剩下的药液不要重复喷，也不要倒在树盘中。助剂如渗透剂、展着剂和增效剂等也不要随便加入药液中。目前，有些农药在生产过程中已经加入展着剂或渗透剂，使用农药时一定阅读说明书，或在购药时问清楚使用方法。能用一种药剂可以防治的，就不要用两种或多种。有的果农认为使用一种药剂总觉不放心，将2～3种药剂混配，其实现在许多农药本身就是复混而成，有时混用的几种农药都是同一种作用机理，混用如同加大剂量反而会引起药害。

此外，配制波尔多液时，硫酸铜溶解不彻底，易发生药害。还有波尔多液与石硫合剂或某些杀菌、杀虫剂交替喷施时，间隔时间太短也易发生药害。还有，用“毫克/千克”（ppm）表示的药品或植物生长调节剂，计算困难时，需在购药时打听明白。温室覆盖期间用药浓度应适当降低，并加大通风量。

（七）高温干燥危害

1. 高温干燥危害产生的原因　高温干燥危害常发生在花期晴天的中午前后，在强光下，温度超过22℃以上、空气相对湿度低于30%时，对花器官生长发育和授粉不利。特别是温室的花期，往往是正值春节期间，易忽视温湿度的管理。

2. 解决方法　晴天的上午9时至下午2时，管理者应做到人不离棚，时时观察，及时通风和向地面洒水增湿，调节温湿度。

（八）冷 水 害

1. 冷水害产生的原因　冷水害常发生在温室覆盖期间的树体展叶以后，用室外的池塘水、河水等直接大水漫灌，从而使树体受害。因为冬季池塘水或河水的水温常在0～2℃，而温室内的土壤温度常在15℃以上，用冷水灌溉，抑制了根系的正常生理活动，使其处于暂时停止吸收、输导水分和养分的状态，使地上部树体表现为叶片失水现象，叶片侧翻，轻者暂时停止生长几日，重则停长十几日才能恢复。虽然冷水害对树体没有太大的伤害，但会延迟果实成熟期，直接影响经济效益。

2. 解决方法　温室覆盖期间灌溉用水最好是地下深井水，若用室外池塘、河水，则需引至温室贮存后再灌溉，或用细长水管在温室内慢慢循环后灌溉，水温达8℃以上时就不会出现冷水害。

（九）人身伤害

1. 人身伤害产生的原因　人身伤害常因卷帘机引起，尤其是电动卷杠式卷帘机易发生人身伤害，或在风雪大时人到棚上发生摔伤，或在大棚失火时因救火而发生烧伤。电动卷杠式卷帘机伤害是在卷帘作业时，在卷帘机发生故障的情况下，管理者没有停止卷帘而靠近卷杆调整时，将手或衣服、鞋等卷入卷杆中伤及人身，轻者伤及肋骨，重则死亡，这种伤害触目惊心，应引起高

度警觉。

人身伤害还包括煤烟中毒等，这种伤害常发生在夜间看护房中，由于看护房小，保温性差，因此门窗封闭较严，空气流动性差，有毒气体容易使人中毒。更有甚者，将炕烧热后把烟筒盖严保温，没有燃透的煤或柴禾产生有毒气体而使人中毒。还有的农户将建棚废弃的竹竿头（没有干透的湿竹竿）和木炭，在夜间用于看护房中取暖，造成烟中毒危及生命。

2. 防御措施 防止人身伤害的办法是提高警惕性，在卷放帘时注意力要集中，经济条件好的可以安装卷帘机遥控器，在卷帘绳出现故障时，及时停机。再则，无论哪种开关方式，在出现故障时，都应立即停止卷放帘作业，方可靠近卷帘杆调整。看护时发生摔伤、烧伤的防御很简单，宁可损失大棚，不可伤及身体或危害生命。

（十）火 灾

1. 火灾发生的原因 火灾是造成温室和大棚瞬间毁于一旦的主要原因，也可由人为点火和电焊作业不慎，或电源配置不合理，或电褥、电炉等取暖引起。电焊火灾常发生在覆帘后卷帘机出现故障而维修时；电源线接点或开关等处引起火灾，常发生在栽培者不注意用电安全，缺乏用电的常识，或滥接电线，导致火灾隐患；在作业房或看护房里用柴火烧炕或用电褥子、电炉取暖更易引起火灾，这些现象在保护地管理中常有发生，教训极其深刻。

2. 防御措施 人为点火的事故只能由管理者加强夜间防范进行杜绝，也建议各级政府加强工人的素质教育，共同维护和联防。电焊火灾的防御是在电焊前准备几桶水，并将焊点周围的草帘或棉被浇湿，焊后将焊接部位喷水降温，并由专人看管半小时左右。电源引起的火灾防御，要求栽培者在架线时一定在电工的指导下作业。电褥、电炉、电暖气等取暖引起的火灾，只要在人离

开温室前，认真细致检查，关闭电源开关，杜绝火灾就不难做到。

二、自然灾害方面

（一）涝　害

1. 涝害易发生的时间和原因　涝害常发生在撤膜后的7～9月间，降雨量大而且时间集中时易形成涝害。土壤黏重、地势低洼排水不畅或地下水位高的温室和大棚，遇降雨量大时易形成涝害。树盘40～50厘米深的土层内积水超过20小时以上，会发生严重的涝害，导致树体死亡。

2. 解决方法　应采取台田式栽培，将树盘抬高30～40厘米左右；在栽植行间和温室前底脚处挖排水沟，大棚结构的可在行间与四周挖排水沟，及时排涝。沙石板或土壤黏重的地块，在建园前要挖通沟或用质地疏松的客土。

（二）雪灾和冻害

1. 雪灾和冻害易发生的时间和原因　雪灾常发生在降雪量达200毫米以上，建筑结构不科学、建筑质量不牢固和建筑材料质量差的温室和大棚，或没有及时打扫积雪的情况下压塌了温室和大棚。冻害常在有降雪的夜间而没有放下保温覆盖物时发生。

2. 解决方法　措施是选用耐压不易变形的管状钢材做骨架上弧，竹木结构的温室和大棚及跨度大的钢架大棚，要设置间距和角度合理的立柱。钢筋骨架无支柱温室的两侧山墙，在砌筑时墙内要设置“T”形和“+”形钢筋预埋件，用来焊接拉筋。后墙顶部和前底脚要设混凝土横梁，横梁内设置固定骨架的“T”形和“+”形钢筋预埋件。降雪量大时要及时打扫棚面积雪，防御冻害主要是在温度低至极限时，及时放帘保温，或点热风炉、电暖气等加温。

（三）久阴骤晴灾害

1. 久阴骤晴灾害发生的原因 连续阴天或降雪无法揭帘或其他原因没揭帘达3天以上时，揭帘后遇到晴天，强烈的光照会对树体及叶片造成伤害。光照强、温度高，叶片水分蒸腾作用加快，根系吸水速度慢于蒸腾作用所散失的水分，叶片出现萎蔫状态，如不及时采取措施，就会变成永久萎蔫。

2. 解决方法 久阴骤晴后应在阳光强烈、温度高时的中午前后暂时放帘遮阴，待日光不强烈时再揭帘，锻炼2～3天后再正常管理。

（四）鸟 害

1. 鸟害发生的时期 鸟害常发生在升温较晚的温室和塑料大棚中。特别是塑料大棚，因其果实成熟期较晚，一般在4～5月份，此时温度较高，需加大通风量，在开启通风装置时，鸟类会进入棚内啄食果实。

2. 解决方法 在通风口设置防鸟网或放置驱鸟药剂。

（五）风 害

1. 风害发生的时间和原因 风害常发生在3～5月份，也就是春天的5～7级及以上的大风，棚膜受损后，风和低温对树体及果实的伤害。风害常发生在春风较大、较频繁的地区，或棚架结构为斜平面，弧度小的温室和大棚，或塑料膜固定不紧实的温室和大棚，或覆盖抗风能力较差的聚氯乙烯棚膜的温室和大棚。风害还包括夜间放帘后风大将草帘刮起，使棚内温度降低到了有碍树体生长发育的程度。

2. 解决方法 防御措施是在建筑棚架时采取拱圆、半拱圆式结构，拱架间距不能大于90厘米。还要注意温室和大棚的高跨比，跨度大、高度小，棚膜不易压紧，光照强度不够。风大或

多风地区应选择聚乙烯长寿塑料薄膜或聚烯烃膜。若选择了聚氯乙烯塑料薄膜，则应及时修补破洞。手卷帘的温室，夜间风大时应及时检查草帘，发现有离位的立即拉回压牢。

附　录

保护地大樱桃田间管理作业历

温室和大棚栽培大樱桃的目的是促使果实提早上市，所以应该提早覆盖促使树体提早进入休眠期，东北地区覆盖的时间应在初霜冻的第二天，以南地区则以10月下旬至11月上旬为宜。

1. 休眠期（覆盖至揭帘前10月10日至12月20日）

1.1 温、湿度调控　温室覆盖后棚内温度控制在5～8℃，空气相对湿度60%～80%，地温不低于8℃。温度低时白天揭帘提温，高时夜间揭帘降温。

1.2 清除枯叶　揭帘升温前要除掉树上枯叶，并将地面的落叶一并清扫干净带出棚外。

2. 萌芽期（揭帘升温至开花前12月1日至翌年1月20日）

2.1 解除休眠　扣棚较晚的温室和打算提早揭帘升温的温室，如果低温量不够，那么可以在揭帘升温前的1周内喷施60～80倍液的破眠剂，喷湿润即可，不可漏喷或重复喷。

2.2 温湿度调控　白天适宜温度在10～18℃，最高不超20℃，下午放帘前的1～2个小时可控制在22～24℃。夜间适宜温度在7～10℃，最低不能低于2℃。白天湿度不低于50%，低于50%时，向地面喷水增加空气湿度，夜间顺其自然。

2.3 修剪　主要疏除主枝背上的直立营养枝、主干和主枝上的竞争枝和徒长枝；回缩冗长枝，短截细弱结果枝，轻回缩1年生的中、长结果枝，锯除枯橛，剪除枯枝。

2.4 喷药　修剪后立即喷 5 波美度石硫合剂（喷施时间不可晚于升温后的 1 周），要求均匀周到，连同地面一并喷施（与破眠剂喷施间隔期为 1 周以上）。

2.5 施肥　升温 1 周内在树盘上划 6～8 条放射状沟施入化肥，每株施硫酸钾型或双硫基型复合肥 1.5 千克左右，树体长势弱的要加入 0.25 千克尿素，施入后覆土盖严。

2.6 浇萌芽水　施肥后立即浇 1 次透水，润透 30～40 厘米深即可。

2.7 翻树盘　地表稍干时用铁锹翻树盘，内浅外深，即接近树干处深 5～8 厘米，逐渐向外深 20 厘米，施肥沟处不翻，翻后耧平树盘。

2.8 拉枝　对角度和方位不好的主侧枝进行拉枝整形，呈 40°～70°至空位处，使主、侧枝均匀分布于四周。拉枝绳不要跨行跨株，以免影响作业。拉枝作业要在开花前完成。

2.9 浇花前水　现蕾期浇 1 次小水，润透表层土壤即可。

2.10 花前防病虫　现蕾初期喷 1 次 0.2% 苦参碱水剂 1 000 倍液和 80% 代森锰锌可湿性粉剂 600 倍液，加入 400 倍液氨基酸液。

3. 开花期（初花至落花 1 月 1 日至 2 月 20 日）

开花期的管理重点是防止花期高温和干燥危害而影响坐果，还要避免湿度过大引起花腐病发生。

3.1 温度调控　白天适宜温度在 12～18℃，最高温度不超 20℃，夜间适宜温度在 8～10℃，最低不应低于 2℃。

3.2 湿度调控　白天的湿度保持不低于 30%，低于 30% 时向地面洒水，增加空气湿度；高于 60% 时通风降湿，尽量避免棚膜滴水。开花期注意通风，保持适宜的湿度，防止花腐病等病害。

3.3 花期辅助授粉　在棚内见有几朵花开放时，即可释放蜜蜂进行辅助授粉，每棚释放 1 箱，在温度低、蜜蜂不出巢时，还应进行人工采粉点授。初花和末花期各喷 1 次 500～800 倍液果力奇，喷施时间在早晨揭苫后，避免阳光强烈时喷施。花期进行辅助授粉的同时，应注意捕捉卷叶虫和各种毛毛虫等。

3.4 清除花瓣　落花期每天下午在棚内空气干燥时，要经常进行轻晃枝条，振落花瓣，粘落在叶片上的花瓣要用手及时摘除。

4. 果实发育期（落花后至果实成熟 1 月 10 日至 2 月末）

幼果期的管理重点是防止灰霉病发生而引起烂果烂叶，以及防止浇水过早或过多，或氮肥过多，或赤霉素过量，或温度过低而引起新梢旺长，造成落果和裂果或抑制花芽分化。叶面喷施 3～4 次 400～600 倍液欧甘或三得利有机肥，以增加树体营养，提高树体抗病力。

4.1 温度调控　幼果期白天适宜温度 12～22℃，最高不超过 25℃，夜间适宜温度 10～15℃。果实膨大至采收期，白天适宜温度 14～25℃，最高不超 26℃。夜间适宜温度 12～15℃。

4.2 湿度调控　尽量保持地面土壤和棚内空气干燥。白天湿度在 30%～50%，夜间不高于 60%。注意通风降湿。

4.3 防治病虫害　落花后喷 1 次代森锰锌杀菌剂防治灰霉病、煤污病、褐腐病和叶斑病等，幼果期如果有灰霉病发生可喷 25%啶菌噁唑乳油 1 000 倍液。

4.4 整形修剪　落花后对长势较旺的树，还可以喷 1～3 次氨基酸 400 倍液。对主枝背上的直立新梢可摘除，或在 10～15 片大叶时进行多次摘除嫩尖处理。主枝延长新梢可进行多次拿枝，使其平衡生长。在果实整个生长期间，必须随时进行整形修剪工作，如摘除花序基部的小托叶；旺梢摘心或拿枝；多余萌蘖和直立新梢摘除；使树体透光通风，要求采收前完成整形修剪工作。

4.5 施肥　花后至采收期每隔 7～10 天叶面交替喷施 1 次氨基酸和微量元素肥。幼果期结合浇水在树盘上挖沟或坑的方法施入 2 次富含磷、钾及微量元素肥等，每株施 0.5～1 千克，施入后在施肥沟内淋少量水后覆土盖严，或施入 2～3 次冲施肥，促

进果实膨大和花芽分化。

4.6 浇水　果实硬核后（落花后 20～25 天）和果实着色期各浇 1 次小水，要区分不同土壤决定浇水量。可在树盘上挖坑浇水，以防一次浇水量过大或地面潮湿，引起裂果、新梢徒长和灰霉病的发生。原则是结果大树每次浇水量不超过 50 升，小树和黏性土壤的少浇，沙质土壤可稍多些。掌握少浇勤浇的原则，浇水前注意天气预报，选择 2～3 天内是晴天的头 1 天浇水。

5. 果实采收期（3 月 1 日至 4 月 20 日）

5.1 采收方法　红色品种当果实呈全面红色时，黄色品种当果实底色呈黄色，阳面呈红色霞时即可采收，用拇指和食指捏住单个果实的果柄轻轻掀下，不可掰掉花束状结果枝。

5.2 浇水　采收期间对结果较多的树或易干旱的树要补 1 次少量水。

6. 放风锻炼期（采收后至撤覆盖 5 月 1 日至 5 月 20 日）

采收后至撤覆盖期主要任务是放风锻炼，保护叶片不受损伤。

6.1 放风锻炼　放风锻炼也就是扒膜通风，当外界温度不低于 10℃时，将膜从风口处同时向上和向下撤，每 2～3 天左右扒开 0.5～1 米宽，使叶片充分适应外界光照和大风，锻炼 10～15 天后，外界温度不低于 15℃时，选择多云无风或阴天无风时撤掉棚膜。如果不进行放风锻炼，可以在撤棚膜的同时覆盖遮阳网，遮阳网的透光率应在 70% 以上，以防叶片晒伤而引起落叶和二次开花。遮阳网透光率不足 70% 时花芽饱满程度差。

6.2 浇水施肥　樱桃采收结束后每株施入 1 千克磷酸二铵＋尿素（1∶1），并立即浇 1 次透水，叶面喷施 1 次海德贝尔 500～800 倍液，以利于恢复树势和促进花芽饱满，以及防止花芽和叶片老化。

7. 露地生长期（5 月 20 日至 10 月末）

露地生长期的管理重点主要是保护叶片，防止提前落叶和开花，防止过于干旱和涝害。

7.1 适时浇水和排涝　撤覆盖后进入露地管理期间，注意适时浇水，浇水间隔不可少于20天，遇到降雨量大时注意及时排涝，做到雨停半天后地面不积水。每次灌水和降雨之后在地表稍干时，都要及时松土，增加土壤透气性。

7.2 病虫害防治　撤覆盖前后喷1次杀菌剂并加入500倍液尿素，防叶斑病和防叶片老化。病害防治主要是防治各种叶斑病，于6～8月份喷2～3次杀菌剂（波尔多液或戊唑醇交替喷施），或壳聚糖类、氨基酸类的有机营养剂，以提高抗病力。

虫害防治主要是防治二斑叶螨和桑白蚧，用阿维菌素和噻嗪酮等药剂防治，有流胶病时，将流胶口割开，挤出胶液后涂抹愈合剂或治腐灵或其他杀菌剂。

7.3 早秋施基肥　早秋8月下旬至9月上旬土壤追施有机肥1次，沟施发酵的牛马羊等粪肥或豆饼类有机肥，加入少量过磷酸钙或复合肥。施后立即覆土盖严，施肥后须浇1次透水。

7.4 修剪　采收后尽量不修剪，如果树体上部徒长枝多，造成下部密闭不透光状态时，可少量疏除一部分，但绝对不可以短截结果枝条。

7.5 覆盖　10月初备好覆盖材料，在霜冻后及时覆盖，保持棚内温度在5～8℃，以促进树体休眠。

表1　主要病虫害防治历

物候期	主要防治对象	参考防治方法
扣棚后至萌芽前	各种病菌、虫卵和越冬成虫	彻底清扫地面，喷5波美度石硫合剂
开花前	花腐病	喷腐霉利或多抗霉素等
落花至果实硬核期	卷叶虫、金毛虫、天幕毛虫、灰霉病、煤污病等	人工捕捉卷叶虫和毛虫，喷腐霉利或啶菌噁唑或代森锰锌等

续表 1

物候期	主要防治对象	参考防治方法
果实膨大至采收期	灰霉病、煤污病等	喷腐霉利或啶菌噁唑或代森锰锌或甲基硫菌灵等
果实采收后	桑白蚧	采收后喷噻嗪酮
	叶斑病、二斑叶螨、梨小食心虫、卷叶虫、各种毛虫、潜叶蛾，梨网蝽、蛀干害虫	喷波尔多液或戊唑醇或代森锰锌；阿维菌素；甲氨基阿维菌素苯甲酸盐或苦参碱；吡虫啉；诱虫灯诱杀、挖幼虫，注射防蛀干液等

参考文献

[1] 赵改荣，黄贞光. 大樱桃保护地栽培 [M]. 郑州：中原农民出版社，2000.

[2] 赵改荣，黄贞光. 樱桃优质丰产栽培技术彩色图说 [M]. 北京：中国农业出版社，2001.

[3] 潘凤荣等. 大樱桃新品种简介 [J]. 辽宁：北方果树，1999.

[4] 史传铎，姜远茂. 樱桃优质高产栽培新技术 [M]. 北京：中国农业出版社，1988.

[5] 张鹏. 樱桃高产栽培 [M]. 北京：金盾出版社，1993.

[6] 张鹏. 樱桃无公害高效栽培 [M]. 北京：金盾出版社，2004.

[7] 万仁先，毕克华. 现代大樱桃栽培 [M]. 北京：中国农业科技出版社，1992.

[8] 王志强. 甜樱桃优质高产及商品化生产技术 [M]. 北京：中国农业科技出版社，2001.

[9] 于绍夫. 大棚樱桃 [M]. 北京：中国农业科技出版社，1999.

[10] 于绍夫. 烟台大樱桃栽培 [M]. 济南：山东科学技术出版社，1979.

[11] 于绍夫. 大樱桃栽培新技术（第二版）[M]. 济南：山东科学技术出版社，2002.

[12] 张艳芬. 桃樱桃李杏整形修剪 [M]. 济南：山东科学

技术出版社，1997.

［13］高东升，李宪利．果树大棚温室栽培技术［M］．北京：金盾出版社，1999.

［14］王克，赵文珊．果树病虫害及其防治［M］．北京：中国林业出版社，1992.

［15］谭秀荣．甜樱桃高效栽培新技术［M］．沈阳：辽宁科学技术出版社，1999.

［16］曹子刚，曹桂芝．桃李杏樱桃主要病虫害及其防治［M］．北京：中国林业出版社．

［17］邱强．原色桃李梅杏樱桃病虫图谱［M］．北京：中国科学技术出版社，1994.

［18］徐继忠，边卫东．樱桃优良品种及无公害栽培技术［M］．北京：中国农业出版社，2006.

［19］边卫东．大樱桃保护地栽培100问［M］．北京：中国农业出版社，2001.

［20］孙玉刚．大棚樱桃优质高效栽培新技术［M］．济南：济南出版社，2002.

［21］黄贞光，赵改荣．入世后我国甜樱桃面临的机遇与挑战及发展对策［J］．郑州：果树学报2002，19（6）.

［22］黄贞光，赵改荣．我国甜樱桃产业总规模和区域布局的探讨．全国首届樱桃产业发展学术研讨会论文，2006.

［23］张毅，孙岩．樱桃推广新品种图谱［M］．济南：山东科学技术出版社，2002.

［24］蒋锦标，吴国兴．果树反季节栽培技术指南［M］．北京：中国农业出版社，2000.

［25］赵庆贺．山西省果树主要害虫及天敌图说［M］．太原：山西省农业区划委员会，1983.

［26］唐勇．樱桃园全套管理技术图解［M］．济南：山东科学技术出版社，1998.

[27] 张开春. 无公害甜樱桃标准化生产 [M]. 北京：中国农业出版社，2006.

[28] 冯明祥. 无公害果园农药使用指南 [M]. 北京：金盾出版社，2004.

三农编辑部新书推荐

书　名	定　价	书　名	定　价
怎样当好猪场场长	26.00	蜜蜂养殖实用技术	25.00
怎样当好猪场饲养员	18.00	水蛭养殖实用技术	15.00
怎样当好猪场兽医	26.00	林蛙养殖实用技术	18.00
提高母猪繁殖率实用技术	21.00	牛蛙养殖实用技术	15.00
獭兔科学养殖技术	22.00	人工养蛇实用技术	18.00
毛兔科学养殖技术	24.00	人工养蝎实用技术	22.00
肉兔科学养殖技术	26.00	黄鳝养殖实用技术	22.00
肉兔标准化养殖技术	20.00	小龙虾养殖实用技术	20.00
羔羊育肥技术	16.00	泥鳅养殖实用技术	19.00
肉羊养殖创业致富指导	29.00	河蟹增效养殖技术	18.00
肉牛饲养管理与疾病防治	26.00	特种昆虫养殖实用技术	29.00
种草养肉牛实用技术问答	26.00	黄粉虫养殖实用技术	20.00
肉牛标准化养殖技术	26.00	蝇蛆养殖实用技术	20.00
奶牛增效养殖十大关键技术	27.00	蚯蚓养殖实用技术	20.00
奶牛饲养管理与疾病防治	24.00	金蝉养殖实用技术	20.00
提高肉鸡养殖效益关键技术	22.00	鸡鸭鹅病中西医防治实用技术	24.00
肉鸽养殖致富指导	22.00	毛皮动物疾病防治实用技术	20.00
肉鸭健康养殖技术问答	18.00	猪场防疫消毒无害化处理技术	22.00
果园林地生态养鹅关键技术	22.00	奶牛疾病攻防要略	36.00
山鸡养殖实用技术	22.00	猪病诊治实用技术	30.00
鹌鹑养殖致富指导	22.00	牛病诊治实用技术	28.00
特禽养殖实用技术	36.00	鸭病诊治实用技术	20.00
毛皮动物养殖实用技术	28.00	鸡病诊治实用技术	25.00
林下养蜂技术	25.00	羊病诊治实用技术	25.00
中蜂养殖实用技术	22.00	兔病诊治实用技术	32.00